Lieferung 6 Preis 1 Mark

Gesamtpreis des Werkes gebunden 25 Mark

DIE ZEICHENKUNST

METHODISCHE DARSTELLUNG DES GESAMTEN ZEICHENWESENS

UNTER MITWIRKUNG
VON
A. ANDĚL, LUDWIG HANS FISCHER, M. FÜRST, O. HUPP, A. KULL, KONRAD LANGE, A. MICHOLITSCH, ADOLF MÖLLER, PAUL NAUMANN, F. REISS, A. v. SAINT-GEORGE, KARL STATSMANN, R. TRUNK, J. VONDERLINN UND HERMANN WIRTH

HERAUSGEGEBEN
VON
KARL KIMMICH

ZWEITE
VERBESSERTE UND VERMEHRTE AUFLAGE

MIT 1157 ABBILDUNGEN IM TEXT
UND 60 TAFELN IN FARBEN- UND LICHTDRUCK

23 LIEFERUNGEN à 1 MARK UND 2 EINBANDDECKEN à 1 MARK
KOMPLETT IN 2 ORIGINALLEINENBÄNDEN 25 MARK

LEIPZIG
G. J. GÖSCHEN'SCHE VERLAGSHANDLUNG

Einzelne Lieferungen werden nicht abgegeben
Die Abnahme von Lieferung 1 verpflichtet zum Bezug des ganzen Werkes

ziehung zu den ausführlicher oben behandelten Gruppen setzen und die Aufgaben demgemäß behandeln lassen.

Der Berücksichtigung des Materials wende man weiter die Aufmerksamkeit zu.

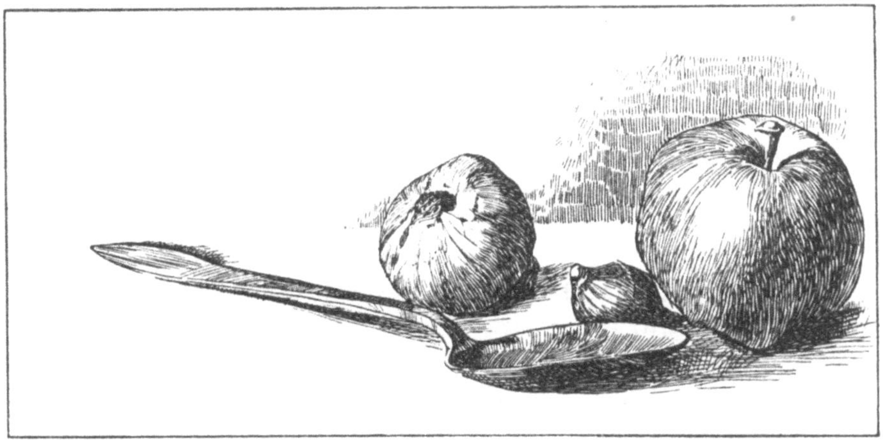

Fig. 463.

2. Die Stoffverteilung erfordert nur kurze Bemerkungen.

Einfache Wirtschafts-, Küchengeräte, wie Hammer, Zange, Löffel aus Holz oder Metall, andere Formen, wie Schloß mit Schlüssel usw., stelle man hier voran.

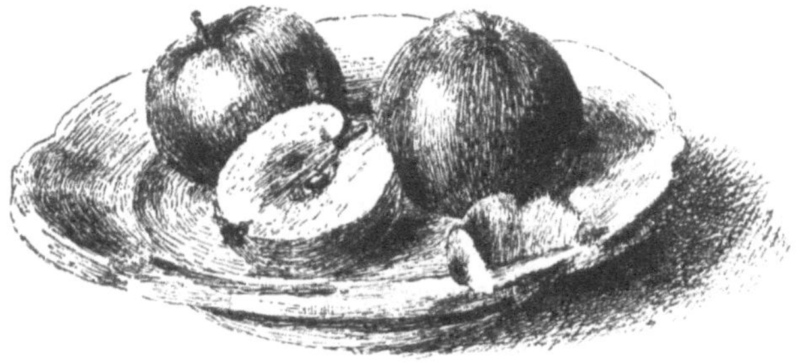

Fig. 464.

Sodann beschaffe man sich Früchte (mehr einfarbige), Apfel, Birne, Kirsche, Zitrone, Trauben, Beeren. Gruppenweise zusammengelegt, zerschnitten, geschält, bieten sie gutes Studienmaterial.

Mit Pflanzenteilen[1]), Blüten (Anemone), Blattansätzen, -Überfällen, kleineren guten Gipsabgüssen (siehe Tafel XXVII), Zweigen (Flieder, Buche) beschließe man diese Aufgabengruppe.

Bei der Aufstellung ist klarer Hintergrund wiederum unerläßlich.

3. Das Zeichenmaterial wird den kleineren und feineren Formen entsprechend vor allem aus Tonpapier, Bleistift, wohl auch Feder und leichten Farbtönen (schwarze Tusche) bestehen. Farbige Kreide wird mit den Farbtönen bei ausgesprochen farbigen Früchten Verwendung finden können.

4. Der Gang des Zeichnens erfordert nur nochmals die Bemerkung, daß von der tangentialen Zuschnittform (Blockierform) zur Einzelform gelangt wird.

Die Gefahr zu großer Aufsicht liegt sowohl immer bei Geräten (liegendem Messer, Zange), wie auch bei Fruchtschnitten vor.

5. Zur Technik sei noch folgendes bemerkt: Gegenstände, die charakteristische und auffallende Farben zeigen, lege man vor der Schattierung (mit Blei oder Kreide) mit einem leichten Farbton (Wasserfarbe oder farbige Kreide) an.

Kleinere Früchte (rote, schwarze Beeren) versuche man wohl auch einmal mit dem Pinsel im richtigen Farbtone unter Aussparen (weiß stehen lassen) des Glanzlichtes auf das Papier zu bringen.

IV. Die letzte Übungsgruppe.

(Schemel, Stuhl, Tisch, Bank usw., Zimmerecken, Innenräume, Gebäude-[Architektur-] Teile.)

A. Allgemeines.

Unsere abschließenden Übungen führen gewissermaßen an den Ausgangspunkt zurück, die ersten Aufgaben wiederholend und erweiternd. Man wird unschwer die Verwandtschaft der ersten und letzten Aufgabengruppe erkennen und doch die gesteigerte Schwierigkeit durch die vermehrten und mehr geteilten Flächen der jetzigen Aufgaben wahrnehmen.

Das Zeichnen der verschiedenen Möbel und Motive (Fenster-, Zimmerecken, Innenräume usw.) soll unser Auge in größerem Maßstab und in größerer Zahl perspektivische Liniensysteme und Flächenverkürzungen

[1]) Getrocknete Zweige (Herbstlaub) lassen sich durch Bespritzen mit Glyzerin lange erhalten.

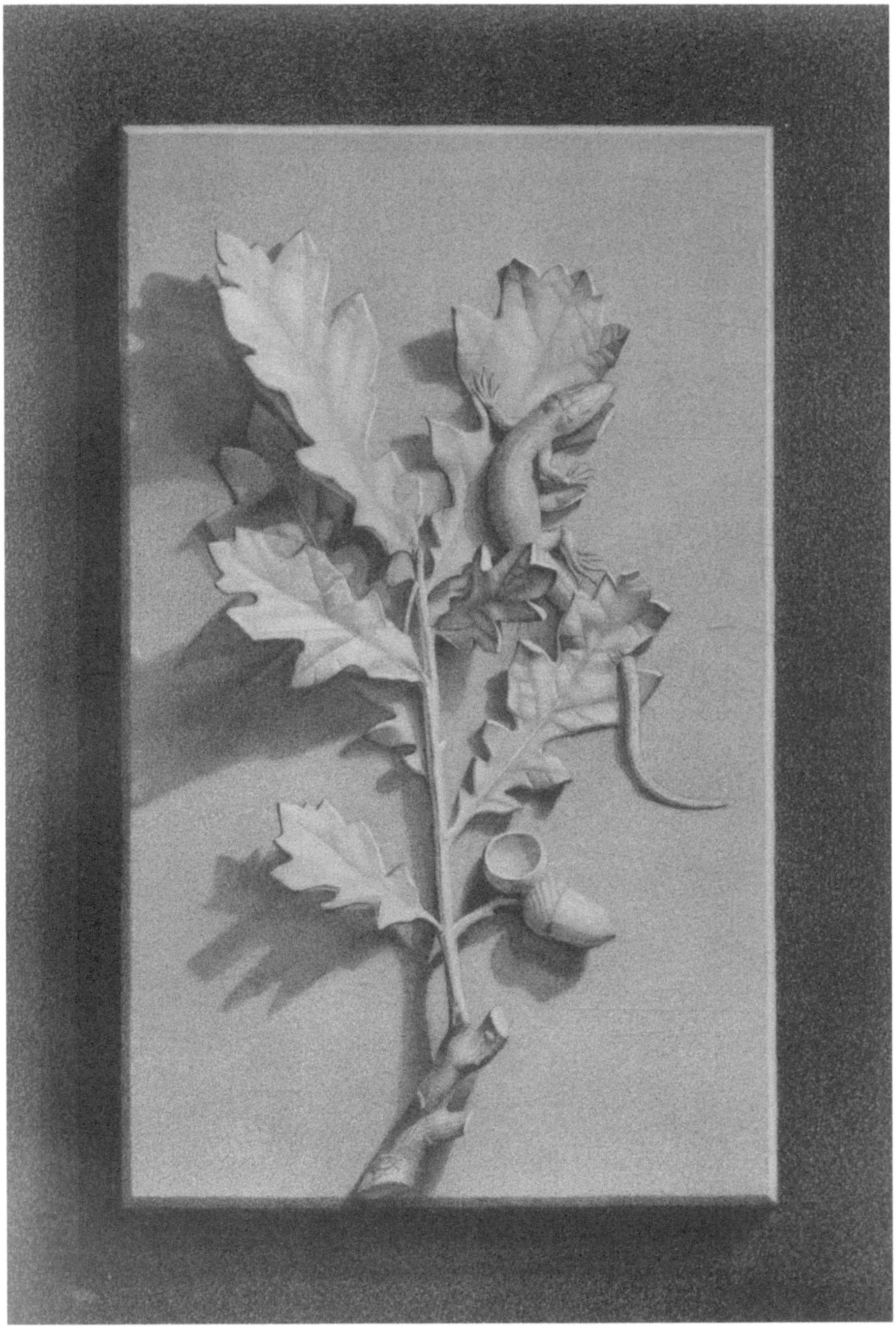

K. Kimmich: Eichenlaub nach Gips in schwarzer Kreide.

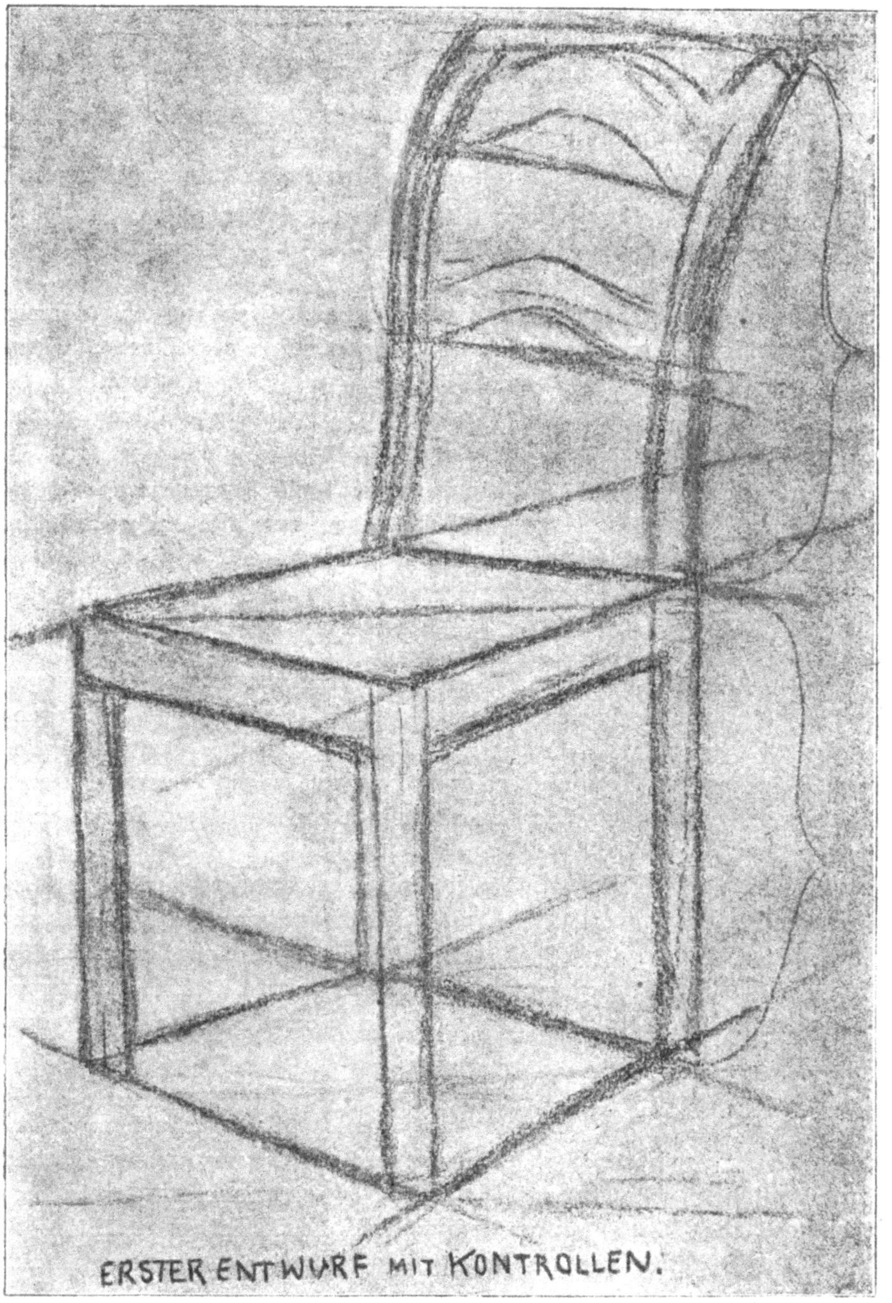

Fig. 465.

übersehen und beherrschen lehren, und es kann nicht genug betont werden, wie notwendig die

a) Richtigkeit der Zeichnung ist, und daß dieselbe mit allen schon genannten Kontroll- und Korrekturmitteln erzielt werden muß.

Diese Abschlußübungen geben aber weiterhin Gelegenheit und Anregung,

b) malerische Wirkungen zu erstreben. Diese werden einerseits durch wohlerwogene, günstige Anordnung des Zeichenblattes, andererseits durch geschickte Licht- und Schattenverteilung erreicht. Dabei ist vornehmlich auf Geschlossenheit der großen Schattenmassen wie des Lichtes zu achten.

Um das Gefühl und Urteil für derartige, mehr künstlerische Gesetze zu bilden und zu schärfen, muß man viel sehen, gute alte und neue Bilder und Zeichnungen (namentlich Innenräume) studieren.

B. Einige Winke für das Zeichnen dieser Gruppe.

Beim Zeichnen einzelner Geräte, wie Schemel, Stuhl, Tisch usw., beginne man mit der Abmessung der ganzen Höhe und Breite des Gegenstandes und ihrer Aufzeichnung und beachte, daß die Fußpunkte der Beine in einem sie umschließend verbindenden, verkürzt erscheinenden Rechteck stehen müssen. Ähnlichkeit mit den vier unteren Ecken eines Kastens usw.

Sicherlich von großem Nutzen und auch zeichnerisch von guter Wirkung wird es sein, wenn diese, wie auch die folgenden Aufgaben, zunächst wiederum in großem Maßstabe, mit breitem kräftigen Strich (Kohle, Kreide) und kräftigem Schatten gezeichnet werden. Auch kräftigere Federzeichnung (Rohr- oder Kielfeder) in Schraffiertechnik ist empfehlenswert.

Während Fenster und Zimmerecken gewissermaßen innere Übereckansichten sind, die ihre Verwandtschaft mit den Anfangsübungen erweisen, werden sich bei Aufnahmen ganzer Innenräume sehr wohl auch Frontalstellungen, bei denen wir den Blick senkrecht auf eine gegenüberliegende Fläche (Wand) richten, empfehlen. Der Zeichner achte bei all diesen Aufgaben aber darauf, einen genügend großen Abstand oder nicht zu große Ausschnitte zu wählen, um sog. „Verzerrungen“, die als Verzeichnungen wirken, zu vermeiden.

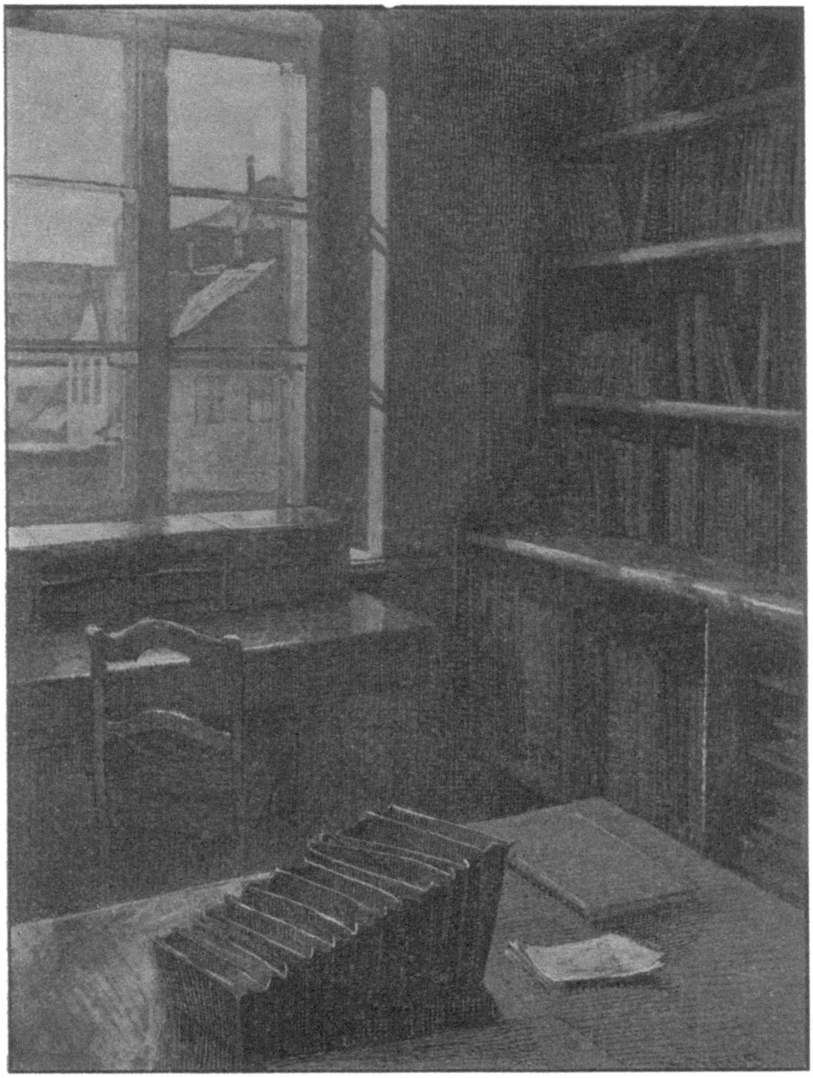

Fig. 466.

VI

Das Projektionszeichnen

Von

Jakob Vonderlinn

1. Kapitel.

Darstellung der Punkte, Geraden und Ebenen, Lagenbeziehungen dieser Gebilde zueinander.

Begriff der Projektionslehre.

1. Unter Projektionslehre versteht man den Teil der angewandten Geometrie, welcher lehrt, zu einem im Raume befindlichen Gegenstand seine Projektion auf eine bestimmte Ebene, die Projektionsebene (Pr. Eb.), zu bestimmen. Dieses Projizieren kann in der mannigfaltigsten Weise geschehen. — Technisch wichtig sind folgende Projektionsarten:

a) Man verbindet die sämtlichen Punkte des Gegenstandes mit einem im Raume angenommenen Punkte und ermittelt die Durchschnittspunkte der Verbindungslinien mit der Projektionsebene. Dadurch erhält man eine „Zentralprojektion" des Gegenstandes auf die Projektionsebene. Den Punkt, durch welchen alle die vorgenannten Verbindungslinien hindurchgehen, nennt man das „Projektionszentrum", die Linien selbst die „Projektionsstrahlen" oder die „Projizierenden".

b) Man zieht durch alle Punkte des Gegenstandes parallele Projektionsstrahlen zu einer vorgegebenen Richtung und bestimmt die Punkte, in welchen diese Strahlen die Projektionsebene schneiden. Man erhält dann eine „Parallelprojektion" des Gegenstandes auf die Projektionsebene und unterscheidet eine „rechtwinkelige" (von der in der Folge fast ausschließlich die Rede sein wird) und eine „schiefwinkelige" Parallelprojektion, je nachdem die Projektionsstrahlen auf der Projektionsebene senkrecht stehen oder nicht.

Die Aufgabe der Projektionslehre besteht darin, zu einem Gegenstande seine Projektion zu ermitteln, bzw. aus der gegebenen Projektion die Lage und Gestalt des Gegenstandes im Raume zu bestimmen.

2. Es ist zweckmäßig, zur Bestimmung der Projektion eines Gegenstandes zwei Projektionsebenen zu wählen, die in der Regel senkrecht aufeinander stehen, und von denen die eine horizontal, die andere vertikal vorausgesetzt sein soll; man erhält dann von jedem Gegenstande auf jeder Pr. Eb. eine rechtwinkelige Projektion. Aus beiden Projektionen läßt sich auf die Lage des Gegenstandes im Raume schließen. Ist z. B. (Fig. 467) ein Punkt a im Raume gegeben, sind a_1 und a_2 dessen Projektionen auf die Pr. Ebn. E_1 und E_2 und denkt man sich die beiden Pr. Ebn. E_1 und E_2 in eine Ebene umgelegt, so erscheint die Schnittlinie der beiden Ebenen als die Projektionsachse X, und die beiden Projektionen eines Punktes liegen in einer Senkrechten zur X-Achse (Fig. 468). Dabei bezeichnen die Abstände der Projektionen a_2 und a_1 von der X-Achse die Entfernungen des Punktes a von den Pr. Ebn., und zwar ist die Entfernung der ersten Projektion a_1 von der X-Achse, d. i. die Strecke $\overline{a_1 a_x}$, gleich dem Abstand des Punktes a von der Pr. Eb. E_2, während die Entfernung der zweiten Projektion a_2 von der X-Achse, d. i. Strecke $\overline{a_2 a_x}$, den Abstand des Punktes a von der Pr. Eb. E_1 angibt.

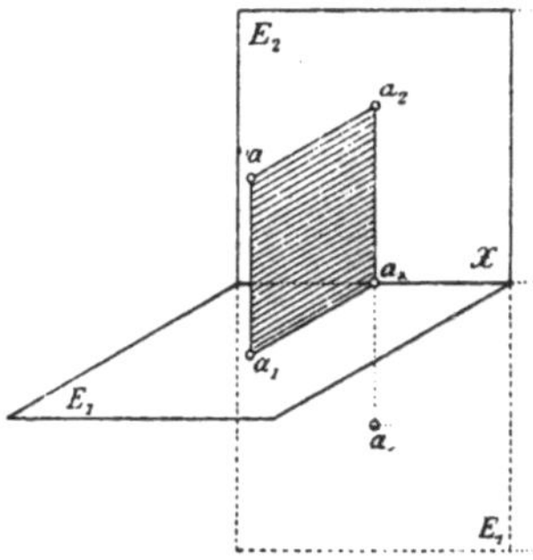

Fig. 467.

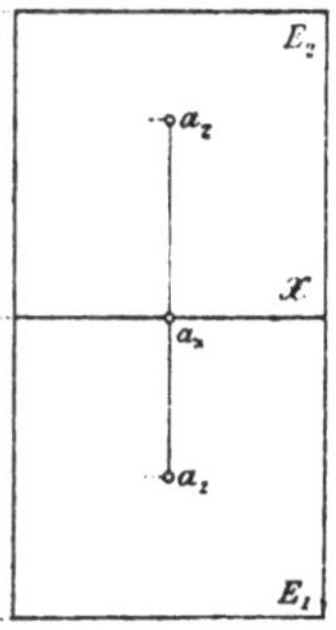

Fig. 468.

3. Es ist üblich, die Pr. Eb. E_1 als die horizontale oder erste Pr. Eb., Grundrißebene, die Pr. Eb. E_2 als die vertikale oder die zweite Pr. Eb., Aufrißebene, zu bezeichnen. Die Projektion eines Gegenstandes auf die Pr. Eb. E_1 nennt man dann eine horizontale oder erste Projektion, bzw. einen Grundriß, die Projektion auf die zweite Pr. Eb. eine zweite oder vertikale Projektion, bzw. einen Aufriß des Gegenstandes. Manchmal verwendet man zur Darstellung von Gegenständen außer den bisher genannten Pr. Ebn. E_1 und E_2 noch eine weitere Pr. Eb., welche entweder auf der Grundriß- oder Aufrißebene oder aber auf beiden Pr. Ebn. E_1 und E_2 senkrecht stehen kann. Es ist dann der Übergang vom Grund- und Aufriß zur dritten Projektion sehr einfach. Steht die dritte Pr. Eb. auf E_1 und E_2 zugleich senkrecht, so ist Z ihr Schnitt mit E_2, Y ihr Schnitt mit E_1; die Umlegung der dritten Pr. Eb., welche auch Seitenrißebene genannt wird, kann entweder in die Aufriß- oder Grundrißebene er-

folgen (siehe Fig. 469 u. 470); im ersten Falle ist (siehe Fig. 469) stets $a_z a_3 = \overline{a_x a_1}$, d. h. die Entfernung der dritten Projektion — des Seitenrisses — von der Z-Achse ist gleich dem Abstand des Punktes von der

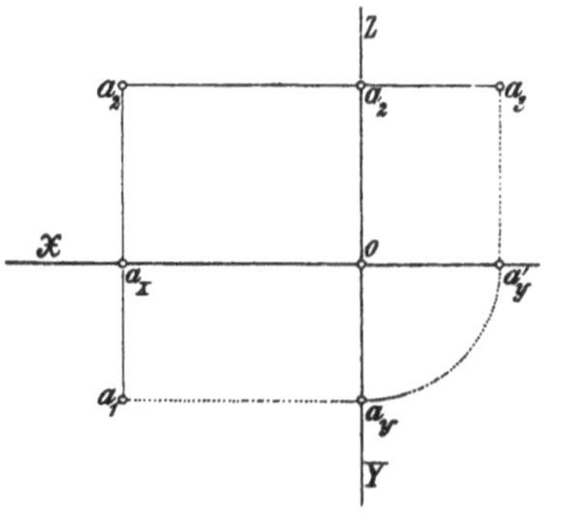

Fig. 469.

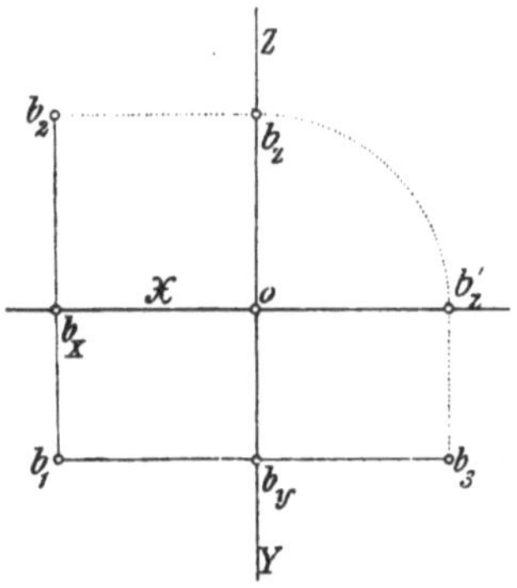

Fig. 470.

Aufrißebene, d. h. gleich dem Abstand des Grundrisses von der X-Achse. Im zweiten Falle ist (siehe Fig. 470) $\overline{b_y b_3} = \overline{b_x b_2}$, d. h. der Abstand des Seitenrisses von der Y-Achse ist gleich dem Abstand des Punktes von der Grundrißebene, d. h. gleich dem Abstand des Aufrisses von der X-Achse.

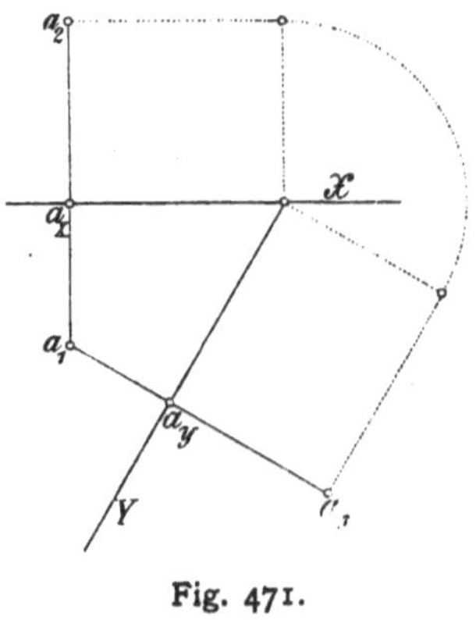

Fig. 471.

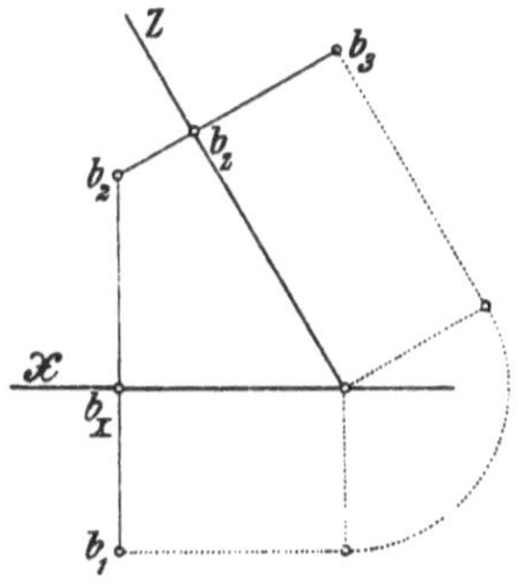

Fig. 472.

Diese Gesetze bleiben auch bestehen, wenn die dritte Pr. Eb. nur auf einer der beiden Pr. Ebn. E_1 oder E_2 senkrecht steht.

Im ersten Falle (siehe Fig. 471) ist $\overline{a_y a_3} = \overline{a_x a_2}$, im zweiten Falle (siehe Fig. 472) ist $\overline{b_z b_3} = \overline{b_x b_1}$.

Mittels der vorgenannten Beziehungen läßt sich stets aus Grund- und Aufriß eines Gegenstandes seine Projektion auf eine dritte Pr. Eb., die auf einer der beiden ersten Pr. Ebn. oder auf beiden senkrecht steht, konstruieren.

Elemente der Darstellung durch Projektion.

4. Die Elemente der Darstellung durch Projektion sind der Punkt, die gerade oder krumme Linie, die ebene Fläche und der Körper. Ein Punkt projiziert sich wieder als ein Punkt, eine Gerade in der Regel als Gerade; nur wenn sie auf einer Pr. Eb. senkrecht steht, ist ihre Projektion auf diese Pr. Eb. ein Punkt. Eine krumme Linie projiziert sich im allgemeinen wieder als eine krumme Linie; nur wenn sie in einer Ebene liegt, kann ihre Projektion auch geradlinig sein, wenn nämlich die Ebene der Kurve auf einer Pr. Eb. senkrecht steht. Bei der Ebene wird man im allgemeinen von einer Projektion nicht sprechen können, weil, wenn die Ebene gegen die beiden Pr. Ebn. beliebig geneigt ist und als unbegrenzt vorausgesetzt gedacht wird, jeder Punkt der Pr. Eb. als Projektion eines Punktes der Ebene angesehen werden kann. Nur wenn die Ebene auf einer Pr. Eb. senkrecht steht, kann ihr Schnitt mit dieser Ebene als ihre Projektion auf die Pr. Eb. angesehen werden. Die Ebene heißt in diesem Falle eine projizierende Ebene. Ist die Ebene gegen die beiden Pr. Ebn. beliebig geneigt, so wird ihre Lage gegen die Pr. Ebn. durch gewisse Bestimmungsstücke festgelegt; als solche gelten drei nicht in einer geraden Linie liegende Punkte, zwei sich schneidende oder parallele Gerade, eine Gerade und ein nicht auf ihr liegender Punkt[1]).

Die Projektion eines Körpers ist gebildet durch einen in irgendwelcher Weise abgegrenzten Teil der Pr. Eb. Die Begrenzungslinie dieser Projektion heißt der scheinbare Umriß des Körpers.

Punkte, Gerade und Ebenen in verschiedenen Lagen.

5. Liegt ein Punkt beliebig im Raume, so liegen seine beiden Projektionen auf einer Senkrechten zur X-Achse in einem bestimmten Ab-

[1]) Die Punkte des Raumes sollen im folgenden mit den kleinen Buchstaben eines Alphabetes bezeichnet werden; die Projektionen führen dann die gleiche Bezeichnung, erhalten aber noch einen Zahlenindex rechts unten angehängt. Heißt z. B. ein Punkt im Raume a, so heißen die Projektionen a_1 und a_2. Alle Linien sollen mit den großen Buchstaben eines Alphabetes bezeichnet werden, die zugehörige Projektion mit dem nämlichen Buchstaben unter Anfügung eines Zahlenindex. Heißt also eine Gerade im Raume A, so führt ihr Grundriß die Bezeichnung A_1, ihr Aufriß A_2 usw.

stande von derselben, so daß (Fig. 468) die Strecke $\overline{a_2 a_x}$ den Abstand des Punktes a von der ersten, der Strecke $\overline{a_1 a_x}$ jenen von der zweiten Pr. Eb. bezeichnet. Fällt der Punkt a in eine Pr. Eb., z. B. in die erste, so wird die Strecke $\overline{a_2 a_x} = 0$, d. h. der Punkt a_2 liegt in der X-Achse; liegt der Punkt a aber in der zweiten Pr. Eb., so liegt a_1 in der X-Achse.

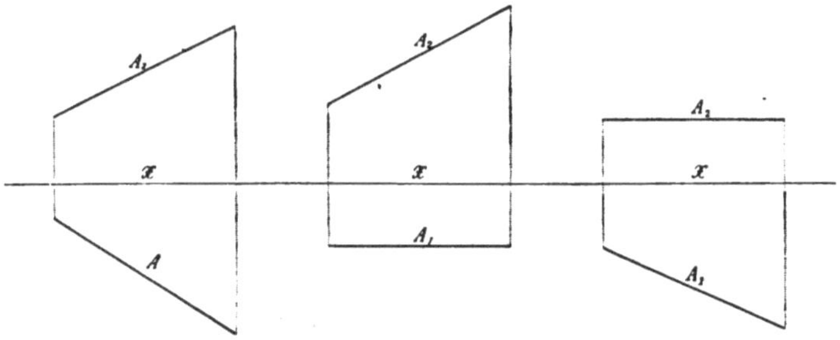

Fig. 473. Fig. 474. Fig. 475.

6. Eine Gerade kann beliebig im Raume liegen, dann werden ihre Projektionen zwei unter beliebigen Winkeln zur X-Achse geneigte Gerade A_1 und A_2 sein (Fig. 473). Wird A_1 oder A_2 parallel zur X-Achse (Fig. 474 und 475), so liegt im ersten Falle die Gerade A parallel zur zweiten, im zweiten Falle parallel zur ersten Pr. Eb. Fällt dagegen A_1

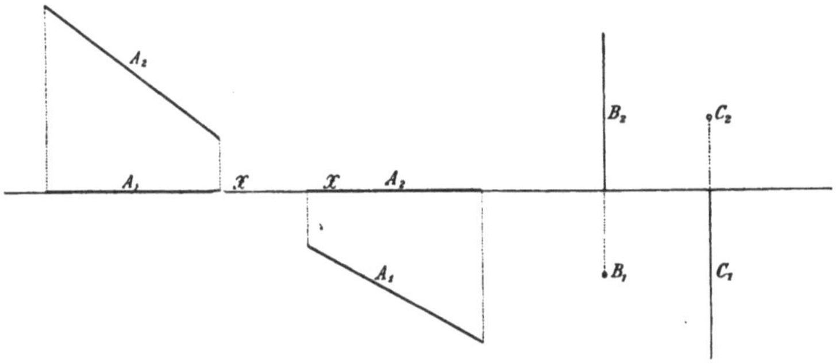

Fig. 476. Fig. 477. Fig. 478. Fig. 479.

oder A_2 in die X-Achse (Fig. 476 u. 477), so liegt die Gerade A in der zweiten, bzw. in der ersten Pr. Eb. Die Gerade kann endlich zu einer Pr. Eb. senkrecht stehen, dann ist ihre Projektion auf jene Pr. Eb., zu welcher sie senkrecht steht, ein Punkt, auf die andere Pr. Eb. dagegen eine zur X-Achse senkrechte Gerade (Fig. 478 und 479). Gerade B steht senkrecht zur ersten, Gerade C senkrecht zur zweiten Pr. Eb.

7. Zwei Gerade können sich schneiden oder windschief liegen oder zueinander parallel sein. Im ersten Fall liegen die Durchschnittspunkte ihrer Projektionen in einer Senkrechten zur X-Achse (Fig. 480, Gerade A und B), im zweiten Falle tritt dies nicht ein (Fig. 481, Gerade A und B);

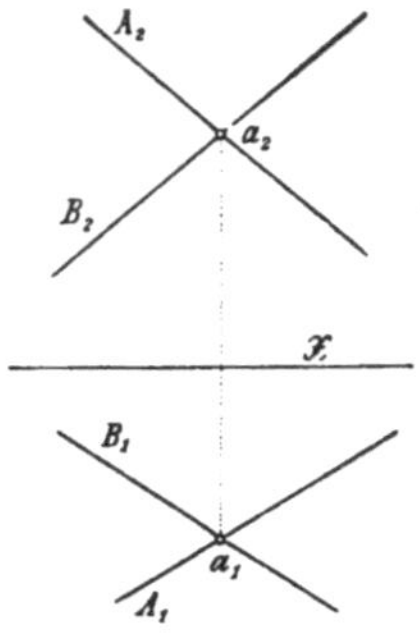

Fig. 480.

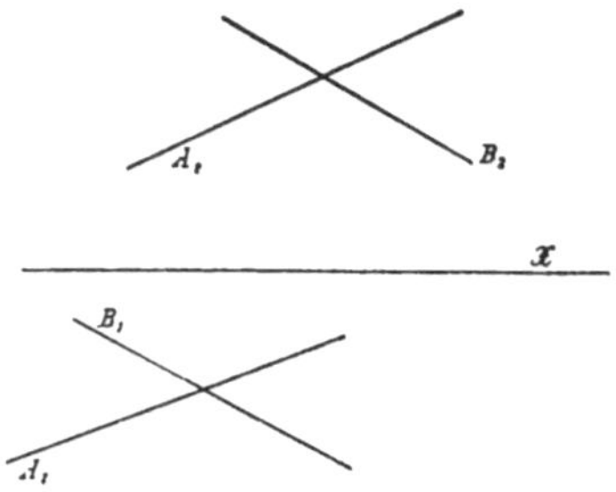

Fig. 481.

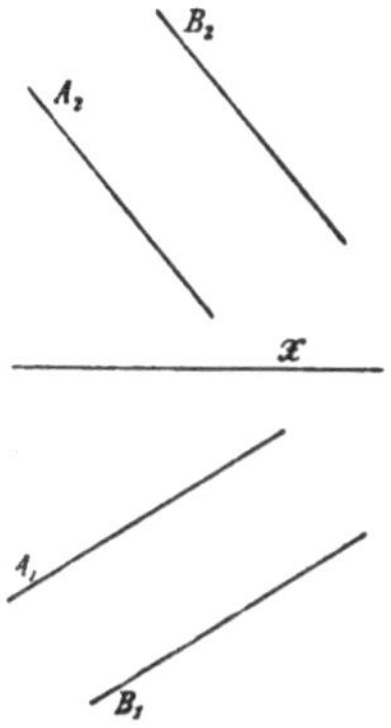

Fig. 482.

im dritten Falle endlich sind auch die gleichnamigen Projektionen der Geraden zueinander parallel (Fig. 482, Gerade A und B).

8. Eine Ebene kann auf einer Pr. Eb. senkrecht stehen, dann besitzt sie für diese Pr. Eb. eine Projektion, und diese ist ihre Durchschnittslinie mit der Pr. Eb., d. h. ihre Spur[1]); die Schnittlinie der Ebene mit der andern Pr. Eb. steht senkrecht zur X-Achse. In Figur 483 ist eine zur Pr. Eb. E_1 senkrechte Ebene dargestellt; ihre Projektion heißt A_1. Die Ebene selbst kann man als Ebene A_1 oder als horizontal projizierende Ebene A_1 bezeichnen.

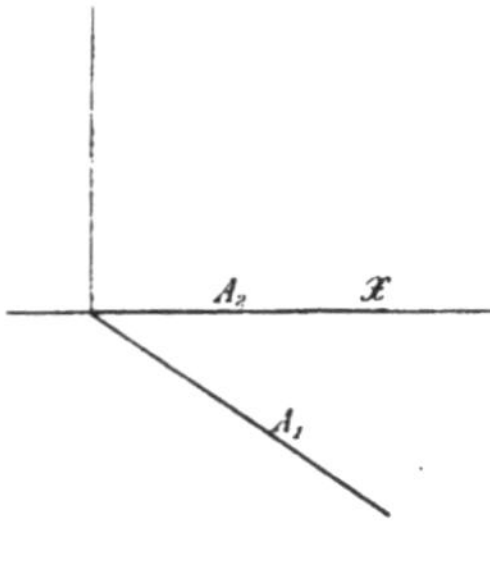

Fig. 483.

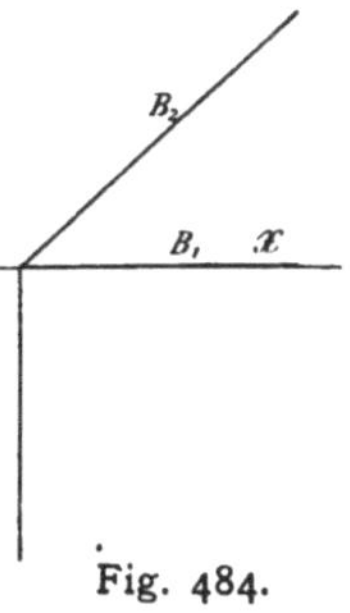

Fig. 484.

In Figur 484 ist eine zur Pr. Eb. E_2 senkrechte Ebene dargestellt; ihre Projektion ist die Gerade B_2. Die Ebene heißt Ebene B_2 oder auch vertikal projizierende Ebene B_2.

1) Die Durchschnittsfigur eines Gegenstandes mit einer Pr. Eb. nennt man seine Spur. Man unterscheidet eine erste oder zweite Spur, je nachdem der Durchschnitt mit der ersten oder zweiten Pr. Eb. in Frage kommt.

Ist die Ebene gegen die beiden Pr. Ebn. geneigt, so besitzt sie keine Projektion; man stellt sie in diesem Falle dar entweder durch zwei ihrer Geraden, die entweder sich schneiden oder parallel laufen, oder durch einen Punkt und eine diese nicht enthaltende Gerade, oder durch drei Punkte, die nicht in einer Geraden liegen. Speziell kann man auch die Schnittlinien der Ebene mit den Pr. Ebn., d. h. ihre Spuren, zur Darstellung benützen, dieses sind zwei in der X-Achse sich schneidende Gerade S und T (Fig. 485).

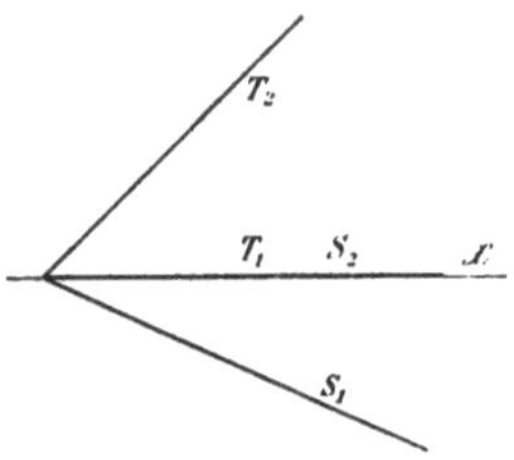

Fig. 485.

9. Eine Gerade kann entweder ganz in der Ebene liegen, oder diese in einem Punkte schneiden. Das erstere ist der Fall, wenn sie mit zweien ihrer Punkte in der Ebene liegt. So liegt z. B. die Gerade a b (Fig. 486) ganz in der Ebene S T, weil die Punkte a und b bzw. auf den Geraden T und S der Ebene liegen.

Ist eine Gerade der Ebene parallel zu einer Spur der Ebene, so heißt sie eine Spurparallele oder Hauptgerade der Ebene, z. B. die Gerade A der Ebene S T (Fig. 487) ist eine Parallele zur ersten, die Gerade a c eine Parallele zur zweiten Spur der Ebene S T.

10. Ein Punkt liegt in einer Ebene, wenn er auf einer Geraden der Ebene liegt; so gehört z. B. der Punkt a (Fig. 487) der Ebene S T an, weil er auf den Geraden a b und a c der Ebene liegt. Man kann nunmehr folgende Aufgabe lösen: In einer durch ihre Spuren gegebenen Ebene S T (Fig. 488) liegt ein Vieleck, dessen eine Projektion, z. B. der Aufriß, gegeben ist, im vorliegenden Falle als ein regelmäßiges Sechseck $a_2\, b_2\, c_2\, d_2\, e_2\, f_2$: es soll die andere Projektion der Figur bestimmt werden. Die Lösung ist: Man zeichnet durch die gegebenen Aufrisse Parallele zur ersten Spur S der Ebene,

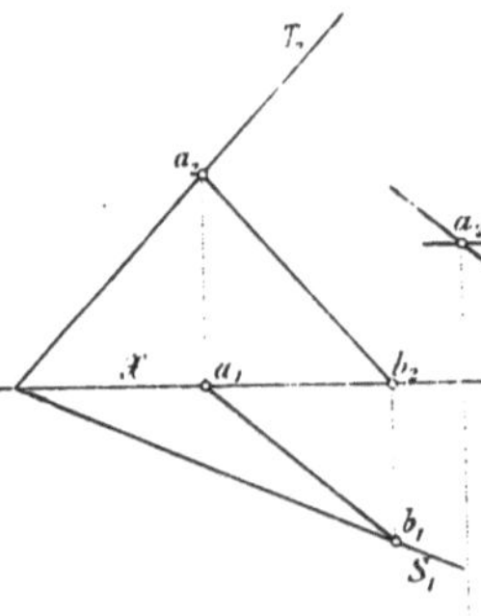

Fig. 486.

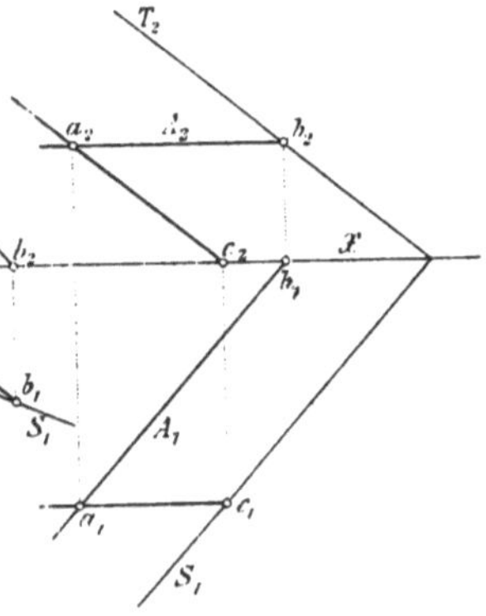

Fig. 487.

bestimmt die zugehörigen Grundrisse, und projiziert auf diese die Sechseckspunkte a_1 bis f_1[1]).

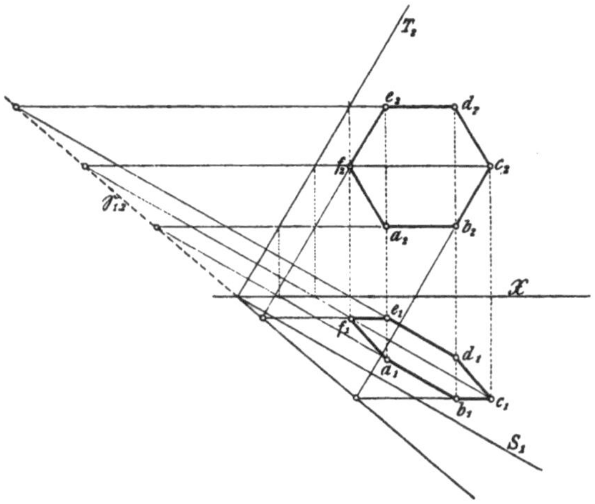

Fig. 488.

Schnitt einer Geraden mit einer Ebene und zweier Ebenen unter sich.

11. Sind eine Gerade A und eine Ebene S T ganz beliebig gegeben (Fig. 489), so läßt sich in einfacher Weise untersuchen, ob die Gerade A in der Ebene S T liegt oder nicht. Sollte die Gerade A in der Ebene S T liegen, so müßte ihr Grundriß die Gerade B_1 sein; da aber in Wirklichkeit A_1 der Grundriß der gegebenen Geraden ist, so kann die Gerade A nicht in der Ebene S T liegen. Wie liegen denn nun aber die Geraden A und B zueinander? Offenbar in einer Ebene senkrecht zur Pr. Eb. E_2. Da nun die Geraden A_1 und B_1 den Punkt x_1 gemeinsam haben, so gehört der Punkt x, dessen Aufriß x_2 auf A_2 liegen muß, den beiden Geraden A und B, und da B in der Ebene S T liegt, auch der Ebene S T an, d. h. der Punkt x ist der Durchschnittspunkt der Geraden A mit der Ebene S T. Man kann ebenso die Gerade A_1 als erste Projektion C_1 einer Geraden C

[1]) Der Aufriß des Sechsecks ist so angenommen, daß zwei Seiten desselben parallel zur ersten und zwei Seiten parallel zur zweiten Spur gerichtet sind. Bringt man die Grund- und Aufrisse der gezeichneten Spurparallelen zum Schnitt, so liegen die Schnittpunkte auf einer Geraden $\mathfrak{S}_{1 \cdot 2}$. Was für eine Lage im Raum hat die Gerade $\mathfrak{S}$ und wie kann $\mathfrak{S}_{1 \cdot 2}$ zur Vereinfachung vorstehend angeführter Aufgabe verwendet werden?

der Ebene S T ansehen und C_2 ermitteln, dann schneiden sich A_2 und C_2 in einem Punkte x_2, dem als Grundriß der Punkt x_1 auf A_1 entspricht. Der Punkt x ist wieder Durchschnittspunkt der Ebene S T mit der Geraden A.

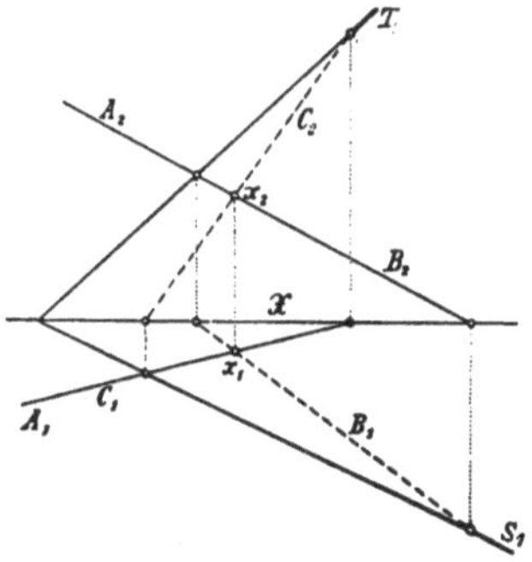

Fig. 489.

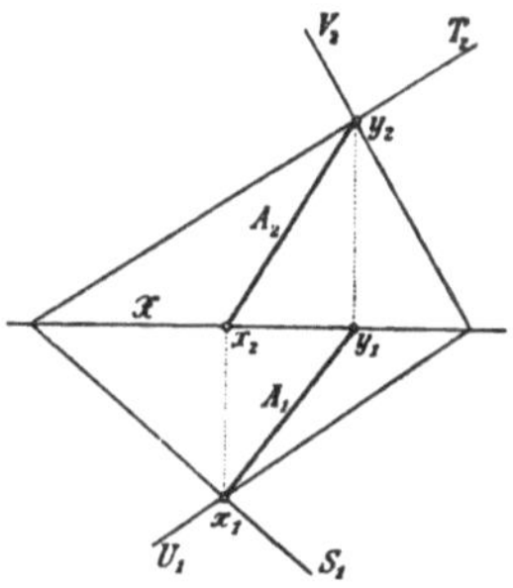

Fig. 490.

12. Die Ebenen sind gegeben durch ihre Spuren (Fig. 490). Die Schnittpunkte der Spuren gehören der Schnittlinie der beiden Ebenen an; diese ist somit die Verbindungslinie x y oder A.

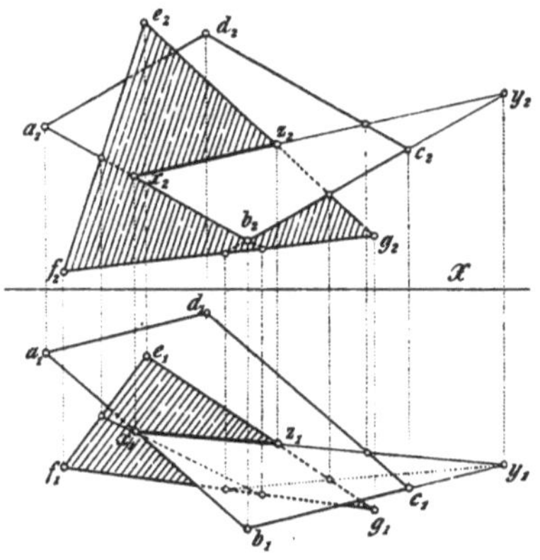

Fig. 491.

Die Ebenen sind durch andere Bestimmungsstücke gegeben. Die eine Ebene ist gegeben durch das Parallelogramm a b c d, die andere durch das Dreieck e f g (Fig. 491). Die Geraden a b und b c schneiden die Dreiecksebene e f g in den Punkten x und y. Die Verbindungslinie x y ist daher die gesuchte Schnittlinie, von welcher im vorliegenden Falle, da beide Ebenen begrenzt sind, nur das innerhalb der Begrenzungen liegende Stück x z Geltung hat.

Bestimmung der wahren Länge einer abgegrenzten Geraden, Umlegung einer Ebene in die Pr. Eb., Neigungswinkel einer Geraden und Ebene mit den Pr. Ebn., Winkel zweier Geraden und Ebenen.

13. Eine gerade Linie projiziert sich im allgemeinen nicht in ihrer wahren Größe, ausgenommen wenn sie parallel oder senkrecht zu einer der Pr. Ebn. gerichtet ist. Liegt die Gerade aber beliebig zu den Pr. Ebn. geneigt, wie die Gerade a b (Fig. 492), so ergibt sich die wahre Länge von $\overline{a\,b}$, wenn man die beiden projizierenden Trapeze $a_1\,a'\,b_1\,b'$ und

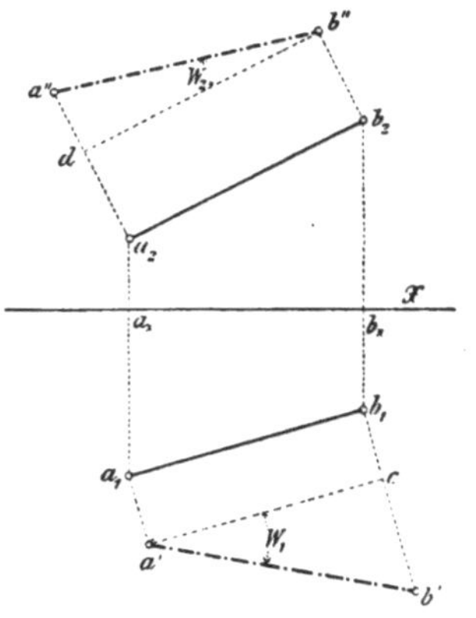

Fig. 492.

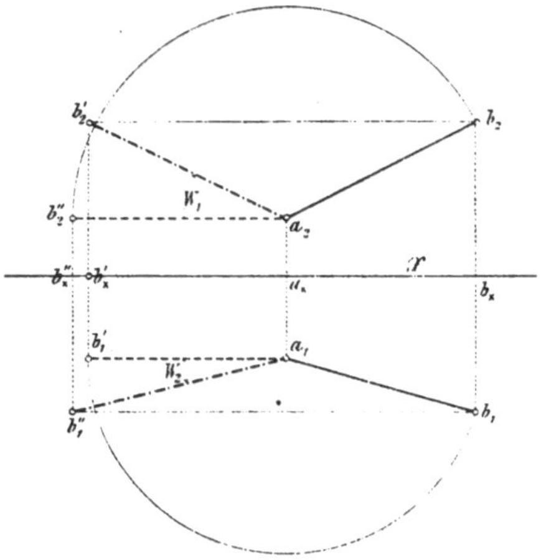

Fig. 493.

$a_2\,a''\,b_2\,b''$ zeichnet, wobei $\overline{a_1\,a'} = \overline{a_2\,a_x}$, $\overline{b_1\,b'} = \overline{b_2\,b_x}$, $\overline{a_2\,a''} = \overline{a_1\,a_x}$ und $\overline{b_2\,b''} = \overline{b_1\,b_x}$ abzutragen ist. Die Strecke $\overline{a'\,b'}$ bzw. $\overline{a''\,b''}$ stellt die wahre Länge von $\overline{a\,b}$ dar.

In anderer Weise ergibt sich die wahre Länge einer begrenzten Geraden wie folgt: Man dreht die projizierenden Trapeze um eine der den Punkt a oder b enthaltenden Projizierenden, bis die Trapezebenen zu einer Pr. Eb. parallel sind. So ist in der Figur 493 das Trapez $a\,a_1\,b\,b_1$ um die Linie $a\,a_1$ parallel zur Pr. Eb. E_2 gedreht worden: es erhält nach der Drehung die Lage $a_2\,a_x\,b_x'\,b_2'$, und $\overline{a_2\,b_2'}$ ist die wahre Länge von $\overline{a\,b}$. Wird das Trapez $a\,a_2\,b\,b_2$ um die Kante $a\,a_2$ parallel zur Pr. $Eb._1$ gedreht, so erhält dasselbe im Grundriß die Lage $a_1\,a_x\,b_x''\,b_1''$, und $\overline{a_1\,b_1''}$ ist ebenfalls die wahre Länge von $\overline{a\,b}$.

Bei den beiden angegebenen Verfahren zur Bestimmung der wahren Länge einer begrenzten Geraden ergeben sich auch ihre Neigungswinkel zu den Pr. Ebn., — so sind aus den Figuren 492 und 493 die Winkel W_1 und W_2 als Winkel der Geraden a b mit den Pr. Ebn. E_1 bzw. E_2 zu entnehmen.

In Figur 494 ist die wahre Gestalt eines Dreiecks dadurch ermittelt worden, daß man die wahren Längen seiner drei Seiten bestimmte und mit diesen ein Dreieck a b‴ c‴ konstruierte.

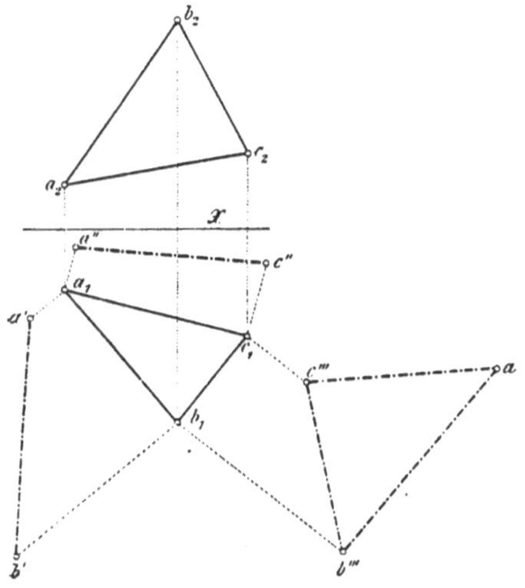

Fig. 494.

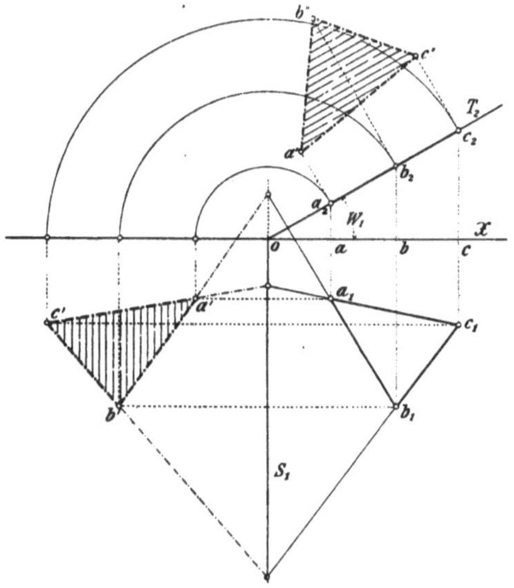

Fig. 495.

14. Ist in einer Ebene eine begrenzte Figur enthalten, so bestimmt man die wahre Gestalt der Figur durch Umlegung der Ebene in eine Pr. Eb. Die Umlegung erfolgt um eine der Spuren der Ebene.

Ist die Ebene eine projizierende Ebene und erfolgt die Umlegung um die Spur S_1 (Fig. 495), so beschreibt jeder Punkt der Figur einen Kreis, dessen Grundriß sich als Senkrechte zu S_1 projiziert, während der Aufriß sich als ein Kreis um den Schnittpunkt o der Spur S_1 mit der Projektionsachse darstellt. Für die Punkte a, b, c des Dreiecks a b c ergeben sich als Umlegungen die Punkte a′, b′, c′, und a′ b′ c′ ist die wahre Gestalt des Dreiecks a b c. Erfolgt die Umlegung der Dreiecksebene um die Spur T_2, so stehen die Drehkreise der einzelnen Punkte der Ebene senkrecht zu T_2, ihre Halbmesser sind gleich den Abständen der gegebenen Punkte von der Pr. Eb. E_2. Es ist also in der Figur $\overline{a_2 a''} = \overline{a a_1}$, $\overline{b_2 b''} = \overline{b b_1}$, $\overline{c_2 c''} = \overline{c c_1}$ [1]).

In Figur 496 ist eine in der zur Pr. Eb. E_2 senkrechten Ebene S T liegende Figur gegeben, deren Aufriß ein Kreis ist. Die Ebene ist um ihre zweite Spur T_2 in die Pr. Eb. E_2 umgelegt worden, wodurch sich die wahre Gestalt der Figur ergeben hat.

15. Die Neigungswinkel einer zu einer Pr. Eb. senkrechten Ebene zu den Pr. Ebn. sind unmittelbar aus der Zeichnung zu entnehmen. So ist für die Ebene S T der Figur 495 ihr Neigungswinkel mit der Pr. Eb. E_2 gleich 90⁰ jener mit der Pr. Eb. E_1 gleich dem Winkel W_1 ihrer zweiten

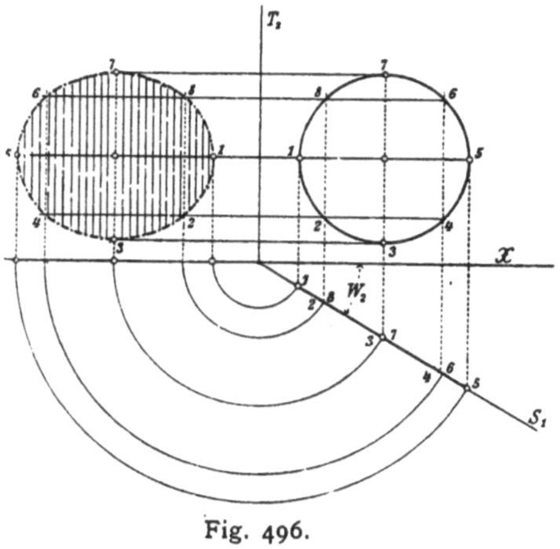

Fig. 496.

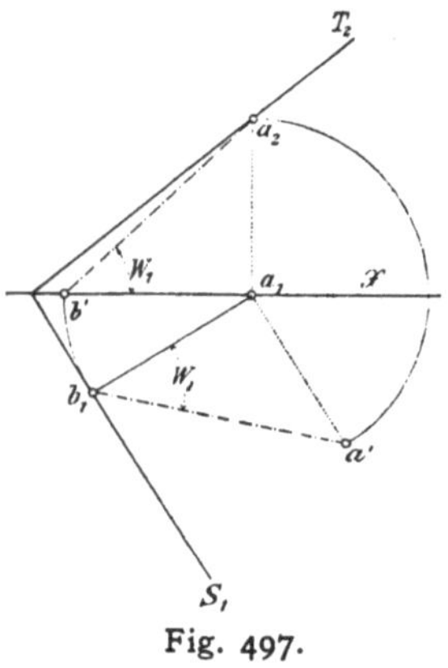

Fig. 497.

Spur mit der X-Achse. In Figur 496 ist eine zur Pr. Eb. E_1 senkrechte Ebene dargestellt; ihr Neigungswinkel mit der Pr. Eb. E_1 ist gleich 90^0, ihr Winkel mit der Pr. Eb. E_2 gleich dem Winkel W_2 ihrer ersten Spur mit der Projektionsachse. Ist die Ebene gegen die beiden Pr. Ebn. beliebig geneigt, so wählt man in der Ebene S T (Fig. 497) den Punkt a

[1]) Verlängert man die Seiten des Dreiecks a b c sowohl im Grundriß, wie in der Umlegung, so schneiden sich je zwei Seiten wie $a_1 b_1$ und $a' b'$, $a_1 c_1$ und $a' c'$, $b_1 c_1$ und $b' c'$ auf der Geraden S_1. Die beiden Figuren $a_1 b_1 c_1$ und $a' b' c'$ stehen in einem gewissen geometrischen Zusammenhang, der dadurch charakterisiert ist, daß jedem Punkte der einen Figur ein Punkt der andern so entspricht, daß die Verbindungslinien der entsprechenden Punkte zueinander parallel sind und daß außerdem entsprechende Gerade beider Figuren auf einer Geraden S_1 sich schneiden. Diesen geometrischen Zusammenhang bezeichnet man als Affinität zwischen den Figuren; letztere selbst heißen affin. Die Gerade S_1 ist die Affinitätsachse, die Richtung der Verbindungslinien entsprechender Punkte ist die Affinitätsrichtung.

so, daß sein Aufriß auf T_2, sein Grundriß auf der X-Achse liegt, zieht $a_1\, b_1$ senkrecht zur Spur S_1 und $a_1\, a'$ senkrecht zu $a_1\, b_1$ und gleich $\overline{a_1\, a_2}$, so enthält das rechtwinkelige Dreieck $a_1\, b_1\, a'$ bei b_1 den Neigungswinkel W_1 der Ebene S T mit der Pr. Eb. E_1. Will man den Neigungswinkel mit der zweiten Pr. Eb. E_2 ermitteln, so wählt man (Fig. 498) den Punkt a der Ebene in der Spur S_1, zieht $a_2\, b_2$ senkrecht zu T_2 und $\overline{a_2\, a''}$ senkrecht zu $a_2\, b_2$ und gleich $\overline{a_2\, a_1}$, so enthält das rechtwinkelige Dreieck $a_2\, b_2\, a''$ bei b_2 den Winkel W_2 der Ebene mit der Pr. Eb. E_2 [1]).

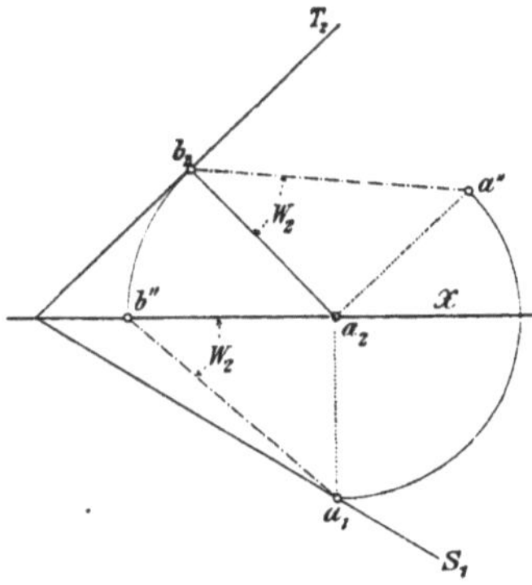

Fig. 498.

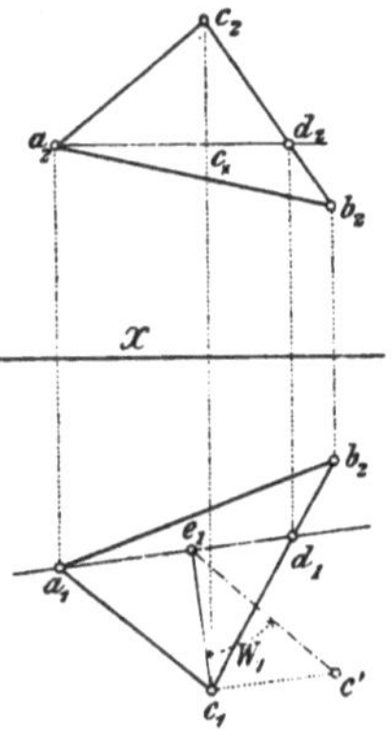

Fig. 499.

16. Ist in der Ebene S T (Fig. 500) eine Figur angegeben, deren wahre Gestalt durch Umlegung der Ebene in die Pr. Eb. E_1 bestimmt werden soll, so verfährt man wie folgt: Man wählt auf der zweiten Spur T den

[1]) Man hätte in Figur 497 auch $\overline{a_1\, b'} = \overline{a_1\, b_1}$ abtragen und in dem Dreieck $a_2\, a_1\, b'$ bei b' den Winkel W_1 erhalten können; in gleicher Weise enthält auch das Dreieck $a_1\, a_2\, b''$ (Fig. 498), bei b'' den Winkel W_2. — Das rechtwinkelige Dreieck $a_1\, b_1\, a'$ (Fig. 497) ist die Umlegung des räumlichen Dreiecks $a\, a_1\, b_1$, dessen Hypotenuse den Punkt a enthält und senkrecht steht zur Spur S_1 der Ebene, während die beiden Katheten die Projizierende durch a bzw. die Senkrechte durch a_1 zur Spur S_1 sind. Es soll für die Folge kurzweg das Konstruktionsdreieck des Punktes a heißen. Ebenso ist das Dreieck $a_2\, b_2\, a''$ (Fig. 498) die Umlegung des räumlichen Dreiecks $a\, a_2\, b_2$, dessen Hypotenuse senkrecht durch a zur Spur T_2 steht, während die Katheten die Projizierende durch a und die Senkrechte durch a_2 zu T_2 sind; auch dieses Dreieck kann man das Konstruktionsdreieck des Punktes a nennen.

Man kann die Winkel einer Ebene mit der Pr. Eb. auch bestimmen ohne Benutzung der Spuren der Ebene. Ist z. B. (Fig. 499) die Ebene durch das Dreieck a b c gegeben, so zieht man die Gerade a d der Ebene parallel zu der ersten Spur der Ebene, d. h. man zieht $a_2\, d_2$ parallel zur X-Achse und bestimmt $a_1\, d_1$. Das Dreieck $c_1\, e_1\, c'$, in welchem $c_1\, e_1$ senkrecht $a_1\, d_1$, $c_1\, c'$ senkrecht zu $c_1\, e_1$ und gleich $\overline{c_x\, c_2}$ ist, enthält bei e_1 den Winkel W_1 der Ebene a b c mit der Pr. Eb. E_1. Wie bestimmt man den Winkel W_2 der Ebene a b c mit der Pr. Eb. E_2?

Punkt e, also e_2 auf T_2 und e_1 auf der X-Achse, und bestimmt das Konstruktionsdreieck $e_1\,f_1\,e'$ des Punktes e. Wird nun die Ebene S T um die Spur S_1 in die Pr. Eb. E_1 umgelegt, so beschreibt der Punkt e einen Kreisbogen, dessen Ebene senkrecht zu S_1 steht, und dessen Halbmesser gleich der Hypotenuse $f_1\,e'$ des Konstruktionsdreiecks $e_1\,f_1\,e'$ ist. Dieser

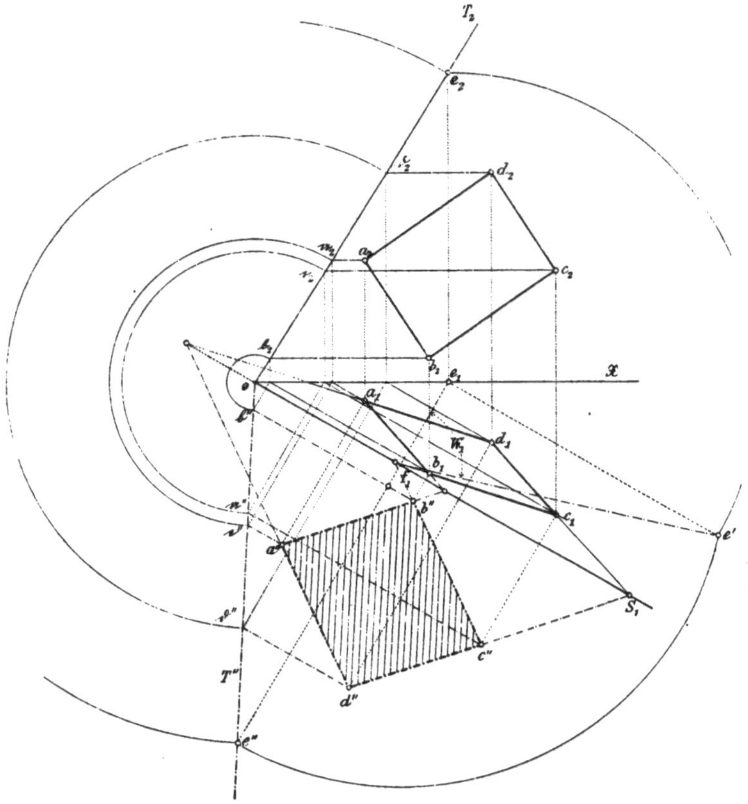

Fig. 500.

Kreisbogen projiziert sich als die Senkrechte $e_1\,f_1$ zu S_1 und es kommt der Punkt e, wenn die Ebene S T in die Pr. Eb. E_1 niedergelegt ist, nach e'', so daß $\overline{f_1\,e''} = \overline{f_1\,e'}$ ist. Die Umlegung T'' der Spur T der Ebene geht durch e''.

Zieht man nun durch die Punkte a, b, c, d der Figur Parallele zur ersten Spur S der Ebene, so schneiden die Aufrisse dieser Linien die Spur T_2 in den Punkten $\mathfrak{a}_2$, $\mathfrak{b}_2$, $\mathfrak{c}_2$ und $\mathfrak{d}_2$, und die Umlegungen der letztgenannten Punkte kommen nach $\mathfrak{a}''$, $\mathfrak{b}''$, $\mathfrak{c}''$, $\mathfrak{d}''$ auf T'' zu liegen, so daß $\overline{o\,\mathfrak{a}_2} = \overline{o\,\mathfrak{a}''}$, $\overline{o\,\mathfrak{b}_2} = \overline{o\,\mathfrak{b}''}$, $\overline{o\,\mathfrak{c}_2} = \overline{o\,\mathfrak{c}''}$, $\overline{o\,\mathfrak{d}_2} = \overline{o\,\mathfrak{d}''}$ ist.

Die Umlegungen der Spurparallelen selbst sind parallel zu S_1 und auf ihnen, sowie auf den Senkrechten zu S_1 durch die Punkte a_1, b_1, c_1, d_1 liegen die Umlegungen a'', b'', c'', d'' der Figur a b c d. Die Figur a'' b'' c'' d'' ist also die wahre Gestalt der Figur a b c d [1]).

17. Die wahre Gestalt einer ebenen Figur kann aber auch ermittelt werden durch Umlegung der Ebene in die Pr. Eb. E_2; ist die Ebene gegeben durch ihre Spuren S und T und enthält sie eine Figur c d e f g h i k (Fig. 501), deren wahre Gestalt durch Umlegung der Ebene in die Pr. Eb. E_2 bestimmt werden soll, so wählt man den Punkt a auf der Spur S, d. h. a_2 auf der X-Achse und a_1 auf S_1 und zeichnet das Konstruktionsdreieck $a_2 b_2 a'$ des Punktes a. Bei der Umlegung der Ebene in die Pr. Eb. E_2 kommt der Punkt a nach a'', so daß $a_2 a''$ senkrecht zu T_2 und $\overline{b_2 a''}$ gleich $\overline{b_2 a'}$ ist. Die Umlegung S'' der Spur S geht durch a''. Zeichnet man nun durch die Punkte der Figur c d e f g h i k Parallele zur zweiten Spur T, deren Grundrisse die S_1 in den Punkten $\mathfrak{c}_1 \ldots \mathfrak{k}_1$ treffen, so kommen die Umlegungen dieser Punkte nach $\mathfrak{c}'' \ldots \mathfrak{k}''$ auf S'', so daß $\overline{o\,\mathfrak{c}''} = \overline{o\,\mathfrak{c}_1}$ und $\ldots \overline{o\,\mathfrak{k}''} = \overline{o\,\mathfrak{k}_1}$ ist. Die Umlegungen der Spurparallelen gehen durch die Punkte $\mathfrak{c}'' \ldots \mathfrak{k}''$ und sind parallel zu T_2; auf ihnen und auf den Senkrechten durch $c_2 \ldots k_2$ zu T_2 liegen die Umlegungen c'' bis k''

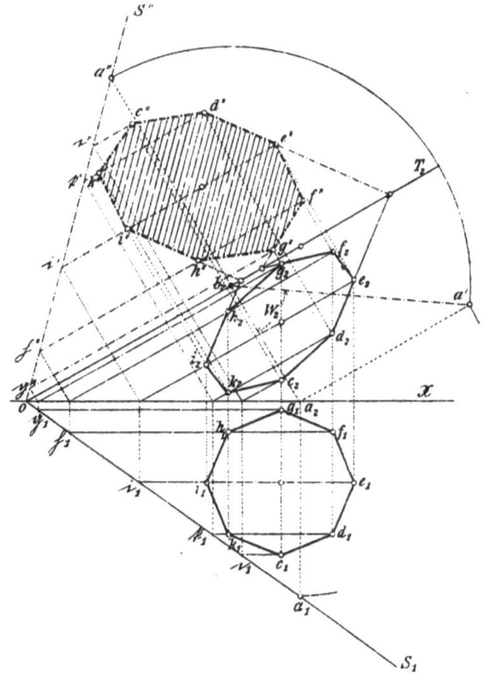

Fig. 501.

[1]) Die Figuren $a_1 b_1 c_1 d_1$ und a'' b'' c'' d'' sind affine Figuren bezüglich der Linie S_1 als Affinitätsachse und der senkrechten Richtung zu S_1 als Affinitätsrichtung: es schneiden sich also entsprechende Gerade wie $a_1 b_1$ und a'' b'', $b_1 c_1$ und b'' c'' usw. in der Affinitätsachse S_1.

der Punkte c bis k. Die Figur $c'' d'' e'' f'' g'' h'' i'' k''$ ist daher die wahre Gestalt der Figur c d e f g h i k [1]).

18. Die Bestimmung des Winkels zweier sich schneidenden Geraden geschieht dadurch, daß die Ebene der beiden Geraden mit den letzteren um eine der Spuren der Ebene in die Pr. Eb. umgelegt wird. Nach der Umlegung der Ebene erscheinen die Geraden unter ihrem wahren Winkel zueinander geneigt.

Sind (Fig. 502) A und B die beiden Geraden, so ermittelt man die Spur S_1 der Ebene A B, zeichnet für den Schnittpunkt c der Geraden das Konstruktionsdreieck $c_1 d_1 c'$ und zieht $\overline{d_1 c''} = \overline{d_1 c'}$ und senkrecht

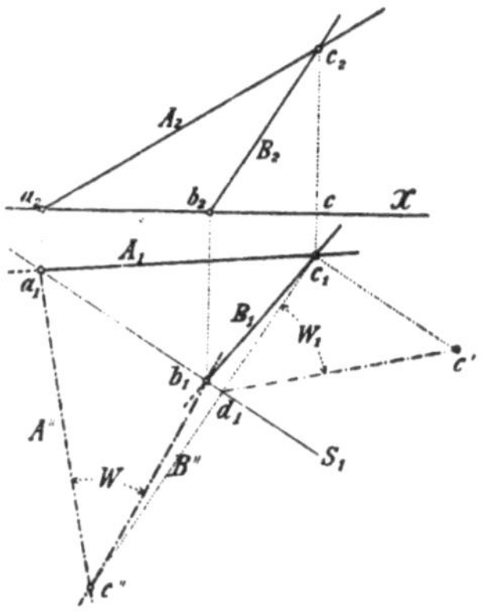

Fig. 502.

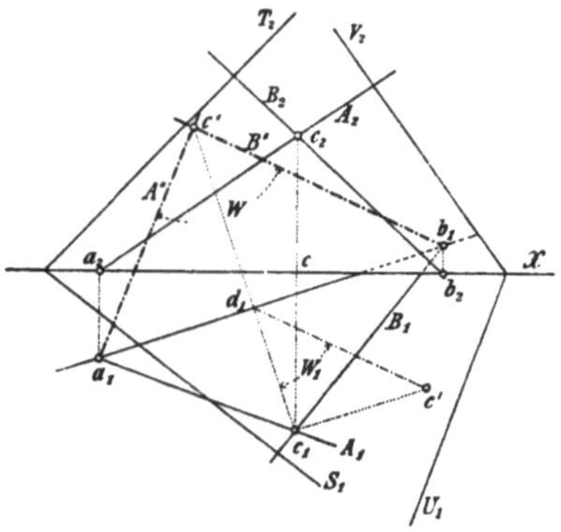

Fig. 503.

zu S_1, so gehen durch c'' die Umlegungen A'' und B'' der Geraden A und B hindurch. Der Winkel W der Geraden A'' und B'' ist gleich dem Winkel der Geraden A und B.

19. Um den Winkel zweier Ebenen zu ermitteln, fällt man von einem Punkte im Raume Senkrechte zu den beiden Ebenen. Diese Senkrechten schließen einen Winkel ein, der gleich ist dem Winkel der beiden Ebenen. Nun projiziert sich eine Senkrechte zu einer Ebene als eine Gerade, deren Projektionen zu den gleichnamigen Spuren der Ebene senkrecht stehen. Zieht man daher durch den willkürlich gewählten Punkt c (Fig. 503) Senkrechte zu den beiden Ebenen, so sind die zweiten Projektionen A_2 und B_2 dieser Linien bzw. senkrecht zu den zweiten Spuren V_2 und T_2, die ersten Projektionen A_1 und B_1 aber senkrecht zu

[1]) Die Umlegung und der Aufriß der Figur c ... k sind affine Figuren bezüglich T_2 als Affinitätsachse und der Senkrechten zu T_2 als Affinitätsrichtung.

den Spuren U_1 und S_1. Der Winkel W der beiden Geraden A und B bestimmt sich nach dem Vorangegangenen und ist gleich dem Winkel der Ebenen S T und U V.

2. Kapitel.

Darstellung von Körpern und ihrer Schnitte mit Ebenen. Mantelabwicklungen von Prismen, Pyramiden, Zylindern und Kegeln. Darstellung der Schraubenlinie und der Schraubenflächen.

Schnitt einer projizierenden Ebene mit einem senkrechten Prisma.

20. Es sei ein regelmäßiges achtseitiges Prisma gegeben, das mit einer Grundfläche in der Pr. Eb. E_1 aufliegt. Der Grundriß des Prismas

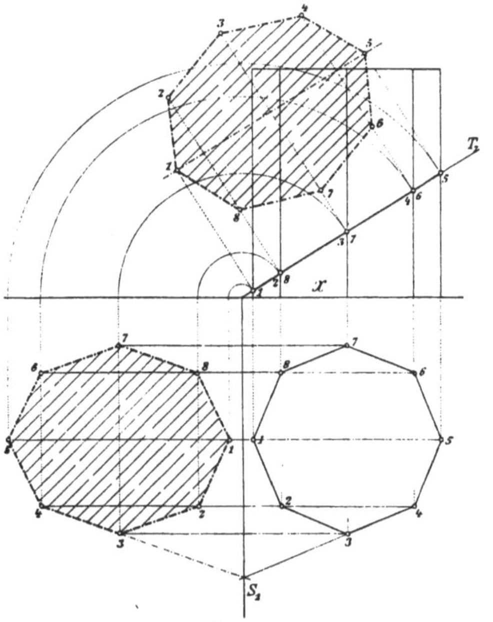

Fig. 504.

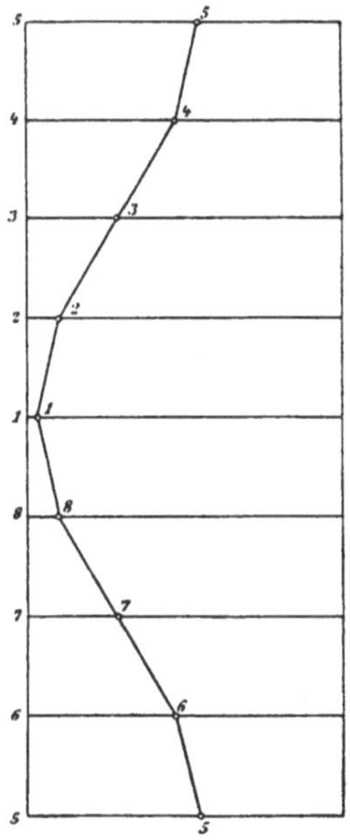

Fig. 505.

stellt sich in diesem Falle als ein regelmäßiges Achteck dar, der Aufriß ist durch ein Rechteck eingeschlossen (Fig. 504). Die schneidende

Ebene sei senkrecht zur Pr. Eb. E_2 gewählt. Die erste Projektion der Schnittfigur fällt mit der ersten Projektion des Prismas zusammen, die zweite Projektion fällt in die Projektion T_2 der Ebene S T. Die wahre Gestalt der Schnittfigur kann in doppelter Weise ermittelt werden, entweder durch Umlegung der Ebene in die erste oder in die zweite Pr. Eb. (siehe Nr. 14). Um den Prismenmantel in eine Ebene auszubreiten, zeichnet man die rechteckigen Seitenflächen des Prismas so aneinander, daß je zwei Seitenflächen eine Seitenkante gemeinsam haben (Fig. 505). Die Schnittfigur ergibt sich in der Abwicklung durch Auftragen der Entfernungen der Punkte der Schnittfigur von der ersten Pr. Eb. auf den entsprechenden Seitenkanten der Abwicklung.

Schnitt einer gegen die beiden Pr. Ebn. geneigten Ebene mit einem senkrechten Kreiszylinder.

21. Die erste Projektion des Zylinders ist ein Kreis, die zweite ein Rechteck (Fig. 506). Der Grundriß der Schnittfigur fällt mit dem Grundriß des Zylinders zusammen. Man hat also nur die Aufgabe zu lösen, die zweite Projektion einer in der Ebene S T liegenden Figur zu zeichnen, deren erste Projektion als Kreislinie K_1 gegeben ist (siehe Nr. 10). Die wahre Gestalt der Schnittfigur ergibt sich durch Umlegung der Ebene S T um ihre erste Spur S_1 in die Pr. Eb. E_1 (siehe Nr. 16). Der Zylindermantel, in eine Ebene ausgebreitet, stellt sich als ein Rechteck dar, dessen eine Seite a b (Fig. 507) gleich dem Umfang des Kreises K_1 ist, während die Höhe gleich der Zylinderhöhe zu nehmen ist. Die Länge $\overline{ab}$ erhält man hinlänglich genau durch Einteilung des Kreises K_1 in eine Anzahl gleicher Teile (etwa 24) und Abtragen dieser Teile auf einer Geraden a b von einem Punkte a aus. In der Figur sind nur acht Teile eingezeichnet. Die Punkte der Schnittfigur ergeben sich in der Abwicklung wieder durch Abtragen der Entfernungen der einzelnen Schnittpunkte von der Pr. Eb. E_1 auf den entsprechenden Zylindermantellinien.

Schnitt einer gegen die beiden Pr. Ebn. geneigten Ebene mit einem schiefen Prisma.

22. Das Prisma ist parallel zur Pr. Eb. E_2 angenommen (Fig. 508). Zur Bestimmung der Schnittfigur ermittelt man die Durchschnittspunkte der einzelnen Prismenkanten mit der Ebene S T, indem man die ersten Projektionen der Prismenkanten als Projektionen von Geraden der Ebene

annimmt und die zugehörigen zweiten Projektionen aufsucht. Diese schneiden die zweiten Projektionen der Prismenkanten in den gesuchten Schnittpunkten 1, 2, 3, 4. Die ersten Projektionen ergeben sich durch Herabprojizieren. Die wahre Gestalt der Schnittfigur bestimmt sich durch Umlegung der Ebene S T um ihre Spur S_1 in die Pr. Eb. E_1 nach Nr. 16.

Um den Prismenmantel in eine Ebene auszubreiten, zeichnet man einen ebenen Schnitt senkrecht zur Prismenrichtung und bestimmt dessen

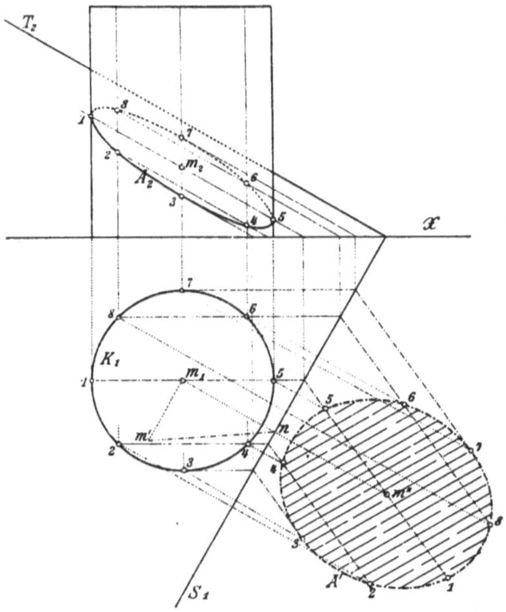

Fig. 506.

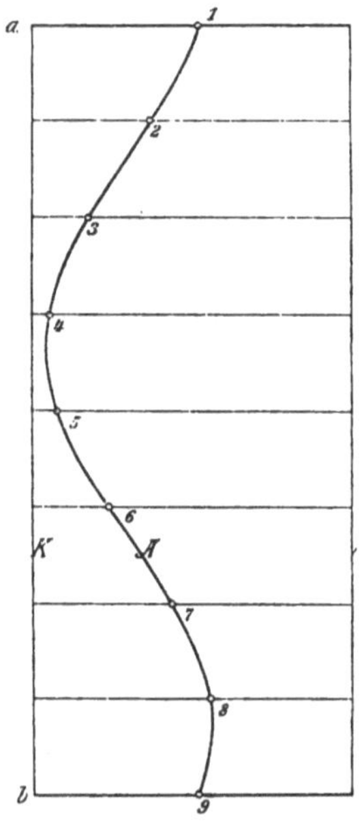

Fig. 507.

wahre Gestalt e′ f′ g′ h′ nach Nr. 14. Dieser Normalschnitt verwandelt sich bei der Abwicklung des Prismenmantels in eine Gerade f e h g f (Fig. 509), die man erhält, wenn man die Strecken $\overline{fe} = \overline{f'e'}$, $\overline{eh} = \overline{e'h'}$ usw. abträgt. Die Seitenkanten des Prismas stehen nach der Abwicklung senkrecht zur Geraden f f, und man kann nun die Abstände der Punkte der beiden Grundflächen und jene der Schnittfigur von der Normalschnittebene aus der zweiten Projektion entnehmen und auf den entsprechenden Kanten der Abwicklung von der Geraden f f aus abtragen[1]).

[1]) Die wahren Gestalten der Seitenflächen des Prismas lassen sich auch dadurch bestimmen, daß man diese Seitenflächen um die Grundkanten des Prismas in die Pr. Eb. E_1 umlegt. In der Figur 508 ist die Umlegung der Seitenfläche b c 𝔟 𝔠 ausgeführt. Es ist das

Schnitt einer projizierenden Ebene mit einer Pyramide.

23. Es ist angenommen, daß die Pyramide mit ihrer Grundfläche in der Pr. Eb. E_1 aufliegt; in diesem Fall ist der Grundriß der Pyramide

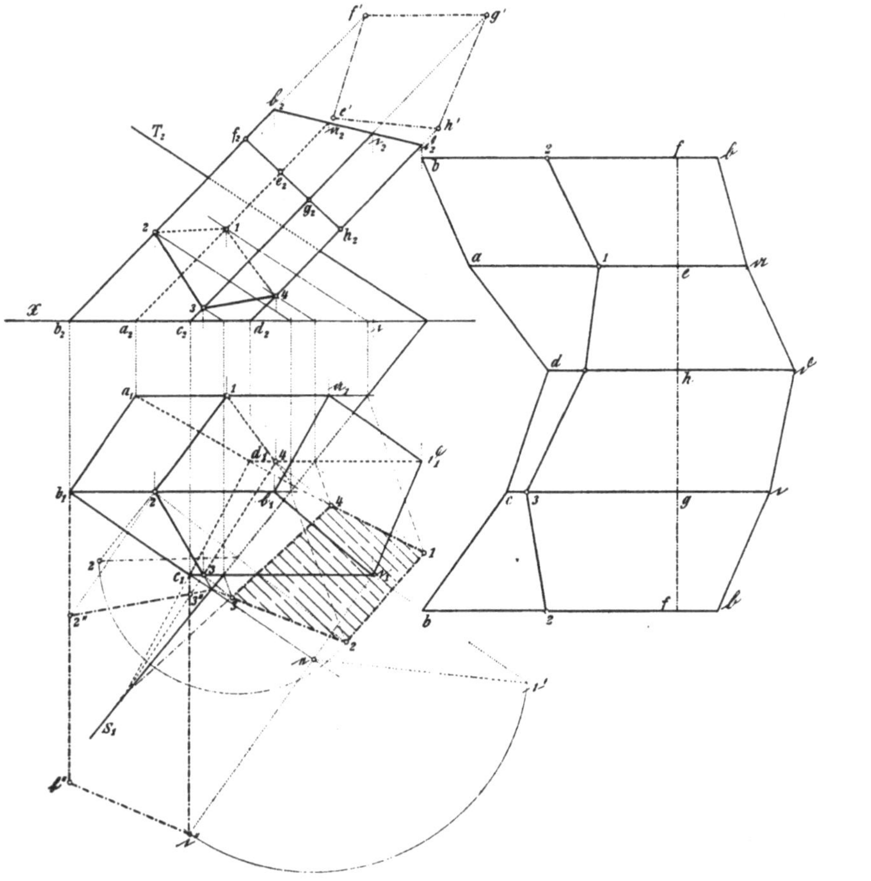

Fig. 508. Fig. 509.

begrenzt durch ein regelmäßiges Achteck, der Aufriß durch ein gleichschenkliges Dreieck (Fig. 510). Die zweite Projektion der Schnittfigur

Konstruktionsdreieck $c_1\, e\, c'$ des Punktes c gezeichnet, $c_1\, e$ senkrecht $b_1\, c_1$, $\overline{c_1\, c'}$ senkrecht $c_1\, e$ und gleich $\overline{c\, c_2}$. Bei der Umlegung kommt Punkt c nach c'', $\overline{e\, c''} = \overline{e\, c'}$, wodurch die Umlelegung $c_1\, c''$ der Kante c c bestimmt ist, die Umlegung $b_1\, b''$ der Kante b b ist parallel zu $c_1\, c''$ und außerdem liegt b'' auf der Senkrechten durch b_1 zu $b_1\, c_1$. In die Umlegung $b_1\, b''\, c''\, c_1$ ist auch die Seite $2''\, 3''$ der Schnittfigur eingetragen.

fällt mit T_2 zusammen, die erste ergibt sich durch Herabprojizieren. Die wahre Gestalt der Schnittfigur bestimmt sich durch Umlegung der Ebene S T um ihre erste Spur S_1 in die Pr. Eb. E_1 [1]) (Nr. 14).

24. Die Umlegung der Schnittfigur steht zu ihrer Projektion auf die Pr. Eb. E_1, wie schon bekannt, in affinem Zusammenhange, aber auch

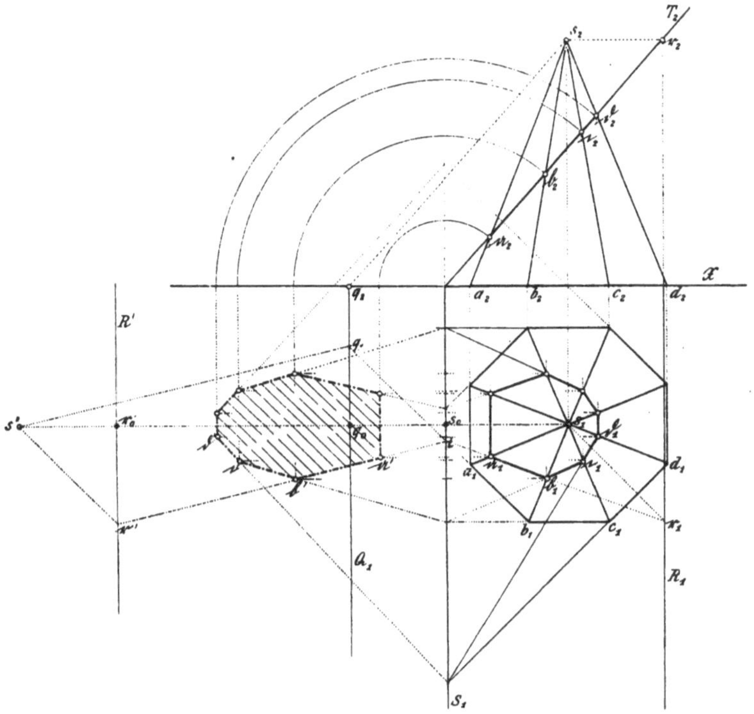

Fig. 510.

zum Schnitt der Pyramide mit der Pr. Eb. E_1 in zentrisch-kollinearem Zusammenhange für S_1 als Kollineationsachse und Q_1 als eine Gegen-

[1]) Zwei ebene Pyramidenschnitte und auch ihre Projektionen auf eine Ebene, z. B. die Schnittfiguren der Pyramide mit der Pr. Eb. E_1 und der Ebene S T_1, stehen in einem bestimmten geometrischen Zusammenhang insofern, als jedem Punkte der einen Figur ein Punkt der andern so zugeteilt ist, daß die Verbindungslinien solcher Punkte durch die Pyramidenspitze hindurchgehen und überdies die Schnittpunkte von Geraden, welche je ein entsprechendes Punktpaar in beiden Figuren miteinander verbinden, auf einer Geraden, der Schnittlinie der Ebenen der beiden Figuren, liegen. Diesen Zusammenhang nennt man zentrische Kollineation, die Figuren zentrisch-kollinear. Dieser geometrische Zusammenhang

achse. Die zweite Gegenachse R′ ist von S_1 um die Strecke $\overline{q_2 s_2}$ entfernt. Das Kollineationszentrum liegt in der Senkrechten durch s_1 zu S_1 und zwar in einem Abstande $r_0 s''$ von R′ gleich der Entfernung der beiden Achsen S_1 und Q_1, und zwar ist $\overline{s_0 q_0} = \overline{r_0 s''}$ in demselben Sinne zu messen und abzutragen. Mittels des zentrisch-kollinearen Zusammenhanges zwischen dem Grundschnitt der Pyramide und der Umlegung der Schnittfigur der Ebene S T in die Pr. Eb. E_1 läßt sich die wahre Gestalt der Schnittfigur auch ohne Benützung ihres Grundrisses konstruieren; denn verschafft man sich die Achsen der Kollineation, indem man $s_2 q_2$ parallel zu T_2 und durch q_2 die Linie Q_1 parallel zu S_1 zieht, ferner durch s_1 die Senkrechte zu S_1 fällt und $\overline{q_0 s''} = \overline{q_2 s_2}$ und $\overline{r_0 s''} = \overline{r_2 s_2}$ abträgt, so ist alles zur Konstruktion der Umlegung der Schnittfigur gegeben. Denn zieht man $a_1 b_1$ bis zum Schnitt t und q_1 mit S_1 und Q_1, so geht durch t die Linie $\mathfrak{a}'\mathfrak{b}'$ parallel zu $s'' q_1$; oder man zieht

---

wird durch eine Projektion der Figuren auf eine Ebene nicht geändert, woraus folgt, daß auch die ersten Projektionen der Figuren sich in dem genannten Zusammenhange befinden.

In der Tat schneiden sich stets zwei entsprechende Gerade wie $a_1 b_1$ und $\mathfrak{a}_1 \mathfrak{b}_1$ (Fig. 510) auf S_1, während die Verbindungslinien $a_1 \mathfrak{a}_1$ und $b_1 \mathfrak{b}_1$ durch den Punkt s_1 hindurchgehen. Dieser Zusammenhang läßt sich zweckmäßig zur Konstruktion der Schnittpunkte einer Ebene mit der Pyramide benützen, sobald ein Punkt der Schnittfigur bekannt ist. Hat man z. B. den Punkt $\mathfrak{a}_1$ durch Herabprojizieren aus $\mathfrak{a}_2$ bestimmt, so darf man nur $\mathfrak{a}_1$ mit dem Schnittpunkt t von $a_1 b_1$ und S_1 verbinden, so geht durch t die Linie $\mathfrak{a}_1 \mathfrak{b}_1$ hindurch und liefert auf $s_1 b_1$ den Punkt $\mathfrak{b}_1$. Verbindet man jetzt den Punkt $\mathfrak{b}_1$ mit dem Schnittpunkt von $b_1 c_1$ und S_1, so liefert diese Linie auf $c_1 s_1$ den Punkt $\mathfrak{c}_1$ usw.

Legt man durch die Pyramidenspitze s zwei Ebenen, die eine parallel zur Pr. Eb. E_1, die andere parallel zur Ebene S T, so schneidet erstere Ebene die Ebene S T nach einer Geraden R, deren Grundriß R_1 ist. Die Parallelebene durch s zur Ebene S T schneidet die Pr. Eb. E_1 nach einer Geraden Q, deren Grundriß Q_1 ist.

Die Geraden R_1 und Q_1 bilden die Gegenachsen der zentrischen Kollineation; auf ihnen liegen diejenigen Punkte der einen Figur, welche den unendlich fernen Punkten der anderen Figur entsprechen. Zieht man also z. B. durch s_1 nach dem unendlich fernen Punkte von $a_1 b_1$, d. h. eine Parallele zu $a_1 b_1$, so schneidet diese die Linie $\mathfrak{a}_1 \mathfrak{b}_1$ in einem Punkte $\mathfrak{r}_1$, der auf R_1 liegt; umgekehrt liefert eine Parallele durch s_1 zu $\mathfrak{a}_1 \mathfrak{b}_1$ auf $a_1 b_1$ einen Punkt q_1, der auf Q_1 liegt. Mit anderen Worten: dem unendlich fernen Punkte von $a_1 b_1$ entspricht der Punkt $\mathfrak{r}_1$, dem unendlich fernen Punkte von $\mathfrak{a}_1 \mathfrak{b}_1$ dagegen der Punkt q_1.

Kennt man in einer zentrischen Kollineation die Gegenachsen R_1 und Q_1, ebenso das Zentrum s_1 und die Kollineationssache S_1, so läßt sich zu einer Figur $a_1 b_1 c_1 \ldots$ unmittelbar die zentrisch kollineare Figur $\mathfrak{a}_1 \mathfrak{b}_1 \mathfrak{c}_1 \ldots$ konstruieren, ohne daß man vorher einen der Punkte der Schnittfigur anderweitig zu bestimmen nötig hat. Denn die Verbindungslinie $a_1 b_1$ schneidet S_1 in t, und die Parallele durch s_1 zu $a_1 b_1$ liefert auf R_1 den Punkt $\mathfrak{r}_1$, durch welchen $\mathfrak{a}_1 \mathfrak{b}_1$ hindurchgeht, oder die Linie $a_1 b_1$ schneidet S_1 in t und Q_1 in q_1. Die Parallele durch t zu $s_1 q_1$ liefert die Linie $\mathfrak{a}_1 \mathfrak{b}_1$.

$s'' \mathfrak{r}'$ parallel zu $a_1 b_1$, so liegen auf der Verbindungslinie $t \mathfrak{r}'$ im Schnitt mit den Verbindungsstrahlen $s'' a_1$ und $s'' b_1$ die Punkte $\mathfrak{a}'$ und $\mathfrak{b}'$.

Schnitt einer gegen die beiden Pr. Ebn. geneigten Ebene mit einer Pyramide.

25. Zur Bestimmung der Schnittfigur konstruiert man sich die Schnittlinien R und Q zweier durch die Pyramidenspitze s (Fig. 511)

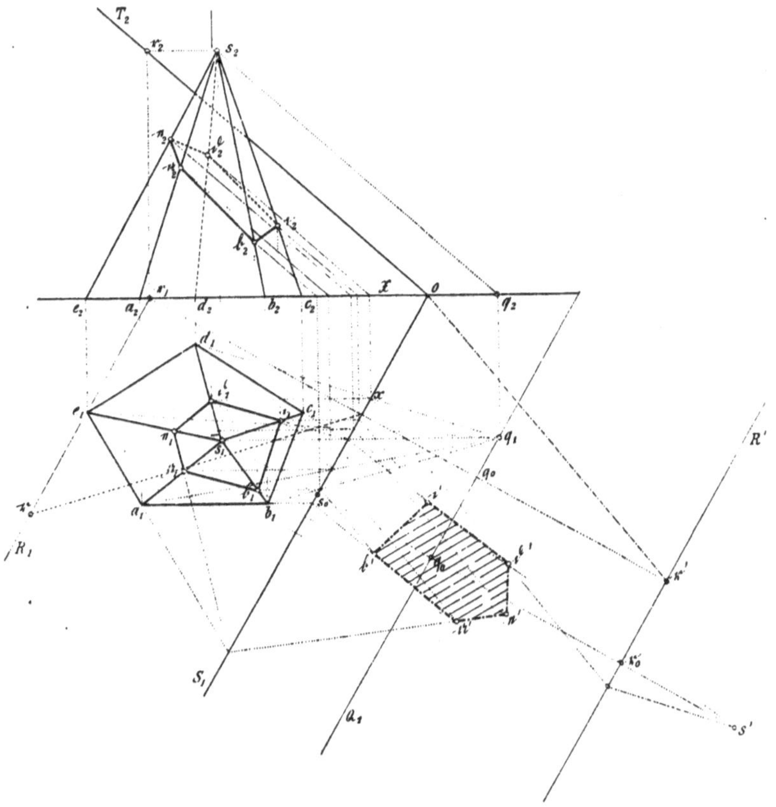

Fig. 511.

zur Pr. Eb. E_1 und zur gegebenen Ebene S T paralleler Ebenen mit der Ebene S T. Die ersten Projektionen R_1 und Q_1 dieser Linien geben die Gegenachsen für die zentrische Kollineation, die zwischen dem Grundschnitt der Pyramide und der ersten Projektion der Schnittfigur besteht.

Wählt man nun auf Q_1 einen Punkt q_1 beliebig, so entspricht z. B. der Linie $q_1 d_1$ die Gerade $x \mathfrak{d}_1$, welche parallel zur Linie $s_1 q_1$ durch den Schnittpunkt x von $q_1 d_1$ und S_1 zu ziehen ist; sie schneidet $d_1 s_1$ in dem Punkte $\mathfrak{d}_1$ der Schnittfigur. Verbindet man q_1 in gleicher Weise mit den übrigen Punkten c_1, b_1, a_1, e_1 des Grundschnittes, so treffen diese Linien die Kollineationsachse S_1 in Punkten, durch welche parallel zu $s_1 q_1$ Linien zu ziehen sind, die auf den Geraden $c_1 s_1$, $b_1 s_1$ usw. die Punkte $\mathfrak{c}_1, \mathfrak{b}_1 \ldots$ der Schnittfigur liefern. Die Aufrisse der Punkte der Schnittfigur ergeben sich entweder durch Hinaufprojizieren oder durch Zeichnung der Aufrisse der Linien $x \mathfrak{d}$ usw.

Die wahre Gestalt der Schnittfigur erhält man wieder entweder durch direktes Umlegen der Ebene S T in die Pr. Eb. E_1 nach Nr. 16 oder mit Benützung des zentrisch-kollinearen Zusammenhanges, der zwischen dem Grundschnitt der Pyramide und der Schnittfigur besteht. Man bestimmt sich zu diesem Zwecke die Achsen der Zentralkollineation, indem man durch $\mathfrak{r}_1$ die Senkrechte zu S_1 fällt und auf letzterer den Punkt $\mathfrak{r}'$ so ermittelt, daß $\overline{o\mathfrak{r}'} = \overline{o\mathfrak{r}_2}$ ist. Durch $\mathfrak{r}'$ geht die Gegenachse R'. Das Kollineationszentrum s' liegt auf der Senkrechten durch s_1 zu S_1 so, daß $\overline{\mathfrak{r}_0 s'} = \overline{s_0 q_0}$ ist.

Zieht man nun durch s' eine Parallele zu $d_1 q_1$ und durch deren Schnittpunkt mit R' eine Verbindungslinie nach x, so liegt auf dieser Linie im Schnitt mit dem Verbindungsstrahle $s' d_1$ der Punkt $\mathfrak{d}'$ der Schnittfigur. Entsprechend werden die übrigen Punkte der Schnittfigur bestimmt.

Schnitt einer projizierenden Ebene mit einem senkrechten Kreiskegel.

26. Eine Ebene schneidet aus dem Mantel eines senkrechten Kreiskegels zwei Mantellinien aus, wenn sie die Kegelspitze enthält, eine Kreislinie, wenn sie zur Kegelachse senkrecht steht, eine Ellipse, wenn sämtliche Mantellinien im Endlichen geschnitten werden, eine Parabel, wenn die schneidende Ebene zu einer Mantellinie parallel läuft, und eine Hyperbel, wenn zwei Mantellinien des Kegels zur Schnittebene parallel laufen.

Ist die Ebene eine projizierende und hat sie die Lage wie in Figur 512, so ist ihr Schnitt mit dem Kegel eine Ellipse. Man erhält ihre erste Projektion, wenn man auf dem Kegelmantel eine Anzahl Mantellinien

Kolibri 360 GmbH
Ferdinand-Jühlke-Straße 7
99095 Erfurt, Deutschland
produktsicherheit@kolibri360.de